仿妆女王

画出超正大明星

【日】小泽香织 著   林燕燕 译

ざわちん

Make Magic

Dear All Ladies

欢迎阅读这本梦幻般的仿妆书☆

大家好，我是仿妆女王小泽香织。

终于如愿出版了这本梦寐以求的仿妆书。

感谢大家一直以来对小泽香织仿妆书的期待。

希望能让首次接触仿妆的女孩子们，看了本书后，

能够体会到仿妆的乐趣，了解到化妆可以使人变得很可爱。

由此……拿到这本书的你，马上就要从灰姑娘变身公主啦。

仿佛被施了魔法一般，马上发现不一样的自己哦。

可能能让你变成梦想中那个完美的人哦。

现在请马上照照镜子，

请模仿本书，开始施展魔法吧。

你准备好了吗？

☆★哔哔滴叭哔滴噗★☆

From Zawachin

Make-up is Magic...

目录
Contents

何为小泽香织仿妆？

"我想变得像
那个人一样可爱。"
这是实现梦想的第一步

♥

特别憧憬某个人的长相……
事实上这是一个变可爱的机会！
小泽香织的化妆技术，
是以你理想中的那个人为范本，
再现理想中的双眼皮和大眼睛的化妆法。
不仅能够改变容颜，
还可以令你变得"卡哇伊"的神奇化妆术。

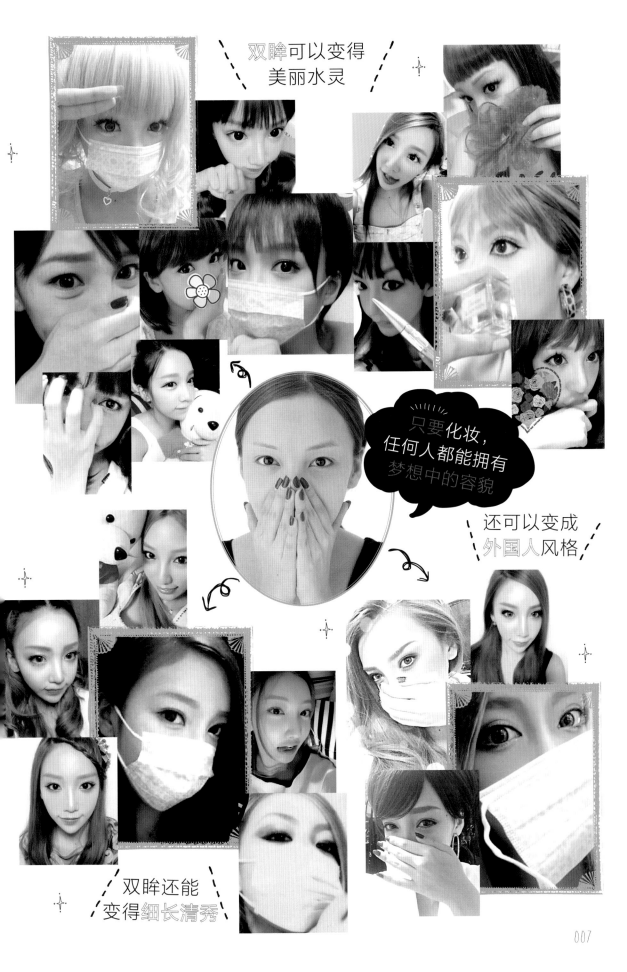

双眸可以变得
美丽水灵

只要化妆，
任何人都能拥有
梦想中的容貌

还可以变成
外国人风格

双眸还能
变得细长清秀

所有妆容的基本技巧和基础妆法

从这里开始！

Zawachin
Basic Make-up

小泽香织的
基础化妆术

在这里将展示仿妆达人小泽香织的基础妆教程。
这些技巧可以应用于所有仿妆中，
请大家好好学习哦！

Base

仿妆第一步：
打造没有瑕疵的底妆！

如果底妆没处理好，
即使是画了很多次、十分熟练的仿妆，
也仍然定不了妆。即使有时一天不得不画好几次妆，
底妆依然是必须认真完成的步骤。

>> HOW TO MAKE-UP

01
底妆的基础
从妆前护理开始！

化妆前一定要用化妆水和乳液使肌肤舒缓温和。在这方面肌肤的吸收情况会有所不同。肌肤疲倦的时候做面膜是有好处的。

通过按压让化妆水充分进入皮肤

用化妆水时，按压的手法比轻拍更容易使皮肤吸收。在容易干燥的额头和眼睛下方请细心涂抹乳液。

情碧保湿洁肤水
2号/个人私物

情碧黄油特效润肤露有油乳液/个人私物

02
请顺着淋巴
的方向涂抹 BB 霜

不用隔离霜，直接涂抹 BB 霜。淋巴循环的方向不是很清楚也没关系，总之就是向上推！

一次涂抹的量约小粒珍珠的份量！

1 在皮肤非常脆弱的眼周部分手法要轻柔

把 BB 霜用中指的指肚从眼头向眼尾方向延伸涂抹。尤其是眼尾和眼睛周围细腻的部分请小心涂抹

2 从嘴角向太阳穴方向提拉摩擦

在两颊涂抹 BB 霜的时候，从嘴角向太阳穴方向提拉延伸，并于刚刚涂抹的眼睛下方处汇合。

3 细微处较多的嘴角请灵活运用指肚

沿着从下巴到嘴角的方向涂抹乳液以消除嘴角双唇的轮廓，鼻子下方能看到鼻孔的部分也要好好涂抹。

4 额头请以打圈方式涂抹乳液

额头不要直线涂抹，而要像画圆那样以打圈方式涂抹。此外眉毛上方和发际线的部分也请用指肚认真涂抹。

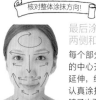

核对整体涂抹方向！

最后涂抹鼻翼两侧和眼睑上方

每个部分都要从脸的中心开始向外侧延伸，细节部分请认真涂抹。别忘记脖子也要涂抹。

Dr.Jart+ 黑色保湿防晒滋润 BB 霜/个人私物

03
用遮瑕膏涂抹
全脸遮斑！

如果只用 BB 霜脸上还是会有斑点的痕迹，再用局部液体遮瑕膏涂抹全脸。

遮瑕膏请每个部分都涂一遍！

遮瑕膏不要像画线那样延伸，用法是点几个点之后晕开。干了之后会很较难涂抹，因此迅速抹开非常重要。

情碧即时抚痕遮瑕膏/个人私物

涂抹部位如下图！

点抹遮瑕膏的要点是眉毛上方、两颊、法令线，然后向全脸延伸。

04
在眼睛下方
再抹一层遮瑕膏！

因为在仿妆中，很多时候需要加强卧蚕效果，黑眼圈是死穴。这是要集中精力摆平的地方。

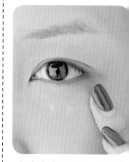

彻底消除黑眼圈！在眼睛下方大范围涂抹遮瑕膏！

遮瑕膏请顺着黑眼圈的方向点抹，用指肚轻拍，基本要求是不要让眼睛下方鼓起来！

注意！

涂抹部位如下图！

与03中的涂抹部位再次重合，一直延伸到眼睛旁边。

05
用定妆粉
打造完美平滑肌

为了打造光润的皮肤，注意定妆粉不要上得过多。推荐使用可以提升光泽感的细闪粉。

闪粉要轻拍、薄薄地上一层。

粉扑蘸取闪粉后，轻轻抖掉多余的粉之后再敷于皮肤之上。不要滑抹，而是轻拍。

Diamond Puff 钻石矿物漂浮蜜粉／个人私物

涂抹部位如下图！

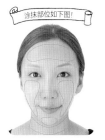

粉要拍在全脸。最后脖子也要拍，使脸和脖子的分界线消失。

06
打底的眼影
要重视肤色契合度

除了特点明显的仿妆之外，其他眼影基本上都是与眼线相照应，以接近肤色的褐色系为基础。

上眼影不结块，刷子是必备品

打底的眼影，请选用稍大的刷子，用手轻拭使其融合，给整个眼窝轻薄地上色。

VISEE GLAM HUNT EYES G-3/个人私物

基色的着色位置如下图

在触摸起来柔软无骨的整个眼窝内上色。像在眼球上涂色！

07
上眼线是决定
眼睛形状的关键步骤

单单一条眼线，可以变成垂垂眼、吊梢眼，也可以从纵向或者横向拉伸放大眼睛。好好学习下模仿对象的眼线很重要。

请好好观察核实被模仿者的上眼线！

根据眼睛的形状来改变眼线的粗细和长短。用眼线液沿着眼睛的轮廓描眼线。在基础妆中，无论是垂垂眼还是眼角上扬的妆容，只要沿着自己眼睛的形状来画，就可以画得很漂亮。

防水眼线液 BK 1365 日元／LEANANI WHITE LABEL

◆ 画出自然眼线推荐眼线胶！

想要画出整体感觉比较粗的眼线时，或者想用自然的眼线表现出成熟的感觉时，推荐棕色的凝胶眼线笔。

M.A.C 流畅眼线胶／个人私物

◆ 用它能决定眼睛的形状！

如果想要让眼睛更圆，就把瞳孔上方的眼线加粗；如果想要让眼睛更长的话呢，不妨试试把眼尾的眼线加粗哦。

08
睫毛夹和睫毛膏与假
睫毛的搭配十分重要

戴假睫毛时，要画好自身的睫毛，使二者相协调。睫毛膏的涂法也十分关键。

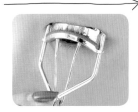

想要画出水灵灵的大眼睛，请从睫毛根部开始好好地夹睫毛。

无论是用自己的睫毛，还是戴假睫毛，都请从睫毛根部开始好好地夹睫毛。画垂垂眼妆容时只需要夹睫毛梢。

睫毛长度和质感可通过睫毛刷的朝向来改变！

从睫毛根部开始刷睫毛膏，一点点地左右移动从而向上刷出浓密度。如果竖着用睫毛膏刷，会刷出轻微的束感。

FASIO 智能卷翘双效睫毛液（纤长）1260 日元／KOSE COSMENIENCE

09

下眼线是
画垂垂眼的关键

要想使眼睛看起来垂垂的（很无辜可爱），下眼线非常重要！沿着眼睛的轮廓画下眼线时，也可使用眼影。

用鲜明的黑色线条加深眼尾的曲线！

用黑色眼线胶，从眼尾至瞳孔的位置描眼线。使其与上眼线自然相连。

用棉棒轻柔晕开，从而显得更自然

用棉棒轻描下眼线，使眼线的轮廓模糊。如果稍加晕色下眼线就更自然了。

Bobbi Brown 流云眼线胶 / 个人私物

10

让卧蚕鼓鼓的
看起来很可爱！

这一步是几乎所有仿妆都必备的一步。让卧蚕鼓鼓的是可爱的必备条件哦！

高光棒最适合用于卧蚕的打底

用棒状的遮瑕高光涂在整个卧蚕上。用眼影比较容易花，因此最好选择干净利索的替代品。

倩碧肌本透白遮瑕霜 03/ 个人私物

用眉粉画出卧蚕的阴影！

用眉粉来画卧蚕的阴影。使用眼影会太浓，最好用眉粉或者眉笔。

资生堂 INTEGRATE 三色眉粉鼻影盒 BR731 1260 日元 /（编辑部调查）资生堂

水汪汪的大眼睛交给闪亮眼线液

用白色系闪耀眼线液提亮卧蚕。从下睫毛的眼头附近开始画到眼尾的眼线处。

VALSAREA 闪耀眼线液 1 号 / 个人私物

11

只要有双眼皮贴就能打造
出理想的梦幻大眼！

小泽曾经也非常不擅长用双眼皮贴。习惯了之后任何宽度的双眼皮都可以贴出来哦。

首先确认理想的形状和双眼皮线条

用发夹或者附带的细棒做一个理想的双眼皮定形。只要留下轻微的印痕，就更容易贴了。

在眨眼时嵌入双眼皮贴是关键！

双眼皮贴要从眼头开始贴。中央位置暂且用手指固定住，然后调节曲线，贴到眼尾时请睁开眼睛贴。超出的部分用剪刀剪掉。

确认双眼皮的形状！

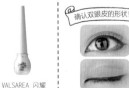

MEZAIK 无痕双眼皮弹性隐形贴 / 个人私物

眼睑部分幅度宽，形状为平缓的弧度。

12

眼褶上加阴影，
让双眼皮看起来更明显

在贴好的双眼皮上再加上阴影，双眼皮就更自然而且更分明了。想要画出凹凸感分明的脸庞，这一步是必备步骤。

用隐藏的眼影表现眼睑的阴影

在双眼皮眼睑处上下褐色眼影。因为说到底是想要展现出双眼皮的阴影，所以眼影不要超过双眼皮贴。

强化双眼皮让它更加分明

用眼线液描双眼皮贴上方使其更分明。描太多次的话会显得不自然，或者会脱落，因此请注意。

VISEE GLAMOUROUS HUNTER G-3/ 个人私物

FASIO 完美双效眉笔（双头眉粉液体眉笔）01 1575 日元 /KOSE COSMENIENCE

Zawachin
Basic Make-up

13

内眼线决定
最后的妆容美不美!

提升眼睛魅力的内眼线。这
一步是让假睫毛和自身的睫
毛融为一体的必要步骤。

填充睫毛的间隙、
眼线更完整!

用黑色的眼线笔涂满睫毛的间
隙。并轻轻地抬起眼睑把粘膜
涂满。戴着假睫毛的话填充时
要更加小心一些。

防水长效眼线笔 01
525 日元
/K-Palette(CUORE)

内眼线画在如下图的位置

眼线画在眼皮上,与此相对,
内眼线画在睫毛下边。

14

高光要打在
卧蚕上!

化妆时若要突出卧蚕,在画好
以后,补画金色眼线进一步强
调效果是不成文的规则。这样
就可以拥有闪亮双眸了。♥

用亮晶晶的高光使妆
容活泼可爱

用刷子蘸取金粉,用手大概
调节用粉的量,上粉的要点
是让整个卧蚕看起来鼓鼓的。

CANMAKE 亮彩注
目闪粉 680 日元
/IDA LABOTORIES

高光打在如下图的位置

基本来说是要强调从眼头
到卧蚕最鼓的部分。

15

纤长浓密的下睫毛
让眼睛看起来更漂亮

对圆眼和垂垂眼来说是不可
缺少的关键步骤,能让眼睛
看起来更大。

下睫毛的根根分明需
要用到梳型刷头睫毛

用梳型刷头睫毛膏涂下睫毛,
想画出漂亮的束状时,特别
推荐适用于下睫毛的梳型睫
毛膏,想要画出浓密度和长
度时推荐纤维型睫毛膏。

◆ 什么是梳型
睫毛膏呢?

顾名思义就是刷头
部分是梳子形状的
睫毛膏。不会刷成
疙瘩状,很容易刷
出束状感。便于涂
抹下睫毛也是其优
点!

美宝莲纽约瞬盈翘密睫毛膏魅惑猫
眼版(防水型)/ 个人私物

16

眉形是最关键的!
首先画出轮廓。

眉毛在很大程度上决定了容
貌,我们可以完全模仿理想
的眉形来画。

用眉笔画出眉的轮廓,把漂
亮的眉毛完美的复制到自己
脸上!

用 1 眉笔画出轮廓。跟眼睛做
对比,确认眉毛的长度、眉峰
的位置,还有眉头和眉尾的高
度和角度。

顺着眉毛的走向补画
眉毛轮廓的中间部分。

用 2 眉粉补画眉毛不足的部分
和无毛的部分。

1 资生堂 INTEGRATE
极细俐落旋转式眉
笔 浅褐色 735 日元
(编辑部调查)/资
生堂

2 资生堂 INTEGRATE
三色眉粉鼻影盒
BR731 1260 日元(编
辑部调查)/资生堂

013

Zawachin
Basic Make-up

17

通过变换眉毛的颜色
来改变整体印象！

即使同样是粗眉毛，黑色
和浅褐色给人的感觉也是
不一样的。眉毛的颜色可
以提升仿妆的完成度。

逆着眉毛的方向
从根部开始着色

染眉膏请先逆着眉毛的方向上
色，之后再顺着眉毛的方向整理
毛色。

超完美防水眉彩
膏 01 1365 日
元 / SUSIE N.Y.
DIVISION

18

多余的眉毛用遮瑕膏
修饰！

剃了眉毛之后的痕迹看起来脏
脏的，所以小泽选择不剃眉毛。
只用遮瑕膏使其变得不太明显
就足以改变整体印象啦。

用遮瑕膏
微调出美美的线条

在眉峰和眉毛下方等处，用遮瑕
膏使多余的眉毛变得不太明显。
推荐头部比较细的液体型的遮
瑕膏。

倩碧即时抚痕
遮瑕膏 07 / 个
人私物

如图所示，用遮瑕膏掩饰多余的眉毛

眉毛的上部请根据眉头的形状
加以调整

19

局部加阴影
也会有小脸效果！

可以再现鼻梁和立体感的高
光和鼻影。
这一步骤能画出跟自己鼻子
大小不同、高度不同的鼻子。

想让鼻梁更高的话
请在鼻根加深色阴影！

用 1 把眼头旁边凹进去的部分涂成
深色，这样会使鼻子看起来很高。
想让鼻梁看上去细一点，往鼻子中
央大范围打上鼻影。

鼻梁的高光请在鼻梁中央直
线画出

用刷子蘸取 2 高光粉，沿着鼻梁骨
画线。想让鼻子看起来高一点的话
选用细一点的刷子。

1 资生堂 INTEGRATE 三色眉粉鼻影盒
BR731 1260 日元（编辑部调查）/ 资生堂
2 妙巴黎轻蜜粉（02 粉肤色）1995 日元 /
妙巴黎

20

形状和色调
决定妆感氛围

腮红的颜色可以改变面部印象。
即使是同样的颜色，手法不同，
脸蛋的形状看上去也不同，所以
要注意哦。

→ *FINISH!!*

用刷子蘸取腮红之前
先确认脸型！

确认脸蛋凹进去的位置，从那
里向鬓角延伸画上浅橙色系列
的腮红。用刷子蘸取腮红后用
指甲轻拍掉多余的，可以防止
腮红蘸取过多。

CANMAKE 巧丽腮红
组 016 550 日元 /IDA
LABOTORIES

Zawachin's Make Magic

日本大明星
精典妆容仿妆秘技

马上就要公开各种仿妆的过程啦！
除了在博客上反响极大的仿妆之外，还收录了新作哦。
要点也将进行详细透彻地解说。

Brand New Make-up

LET'S TRY!

Like ROLA's make-up!

超吸睛深邃大眼的混血感
ROLA风仿妆

"在博客上公开时取得了意料之外的
强烈反响的 ROLA 仿妆。
大眼睛自不必说，再加上强调了立体感，
从而使变身度非常高！
对于想要像 ROLA 那样拥有一张混血儿脸的亲们，
务必要掌握这套化妆术哦 ♥"

PROCESS OF
MONOMANE MAKE-UP

变身ROLA的
化妆技法

♥

尽管是令人印象深刻的眼睛，
但眼线和假睫毛出乎意料地薄。
因此作为基础的双眼皮的形状是关键。
然后再打上鼻影提升相似度！

EYE

立体感分明的深邃双眼皮化妆技巧

1

使用金色眼影打底

用刷子蘸取 A❶ 金色眼影，涂在整个眼窝上。涂深色眼影或者涂得太浓都不像自然的混血儿脸，请格外注意。

2

上眼线画成杏眼状

用 B 眼线液，沿着眼睛的轮廓以自然的宽度画眼线。画出杏仁形眼线的要点是眼尾不要上扬。眼睛形状比较圆的人可以适当画长一些。

3

下眼线用褐色眼影描

用 A❷ 褐色眼影，从上眼线的尾部开始，画到距眼头 1/3 的位置。画出杏仁形，并与上眼线连起来。

USE ITEM

A
VISEE 裸色雕刻眼影 BR-5 1470 日元（编辑部调查）/KOSE

B
防水眼线液 BK 1365 日元 /LEANANI WHITE LABEL

C
FASIO 智能卷翘双效睫毛液（纤长）1260 日元 /KOSE COSMENIENCE

D
资生堂 INTEGRATE 极细俐落旋转式眉笔浅褐色 735 日元（编辑部调查）/资生堂

E
妙巴黎轻蜜粉（02 粉肤色）1995 日元 /妙巴黎

4

睫毛要画得纤长使眼睛显得大而水灵

睫毛夹请从根部开始夹。想让之后戴的假睫毛更自然的话，基础的睫毛用 C 纤维型睫毛膏。

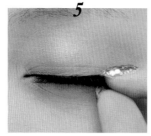

5

假睫毛选择自然 & 纤长型的

混血儿脸妆容中，为了看起来更加自然和谐，推荐褐色的假睫毛。如果睫毛内翻的话下睫毛也要用睫毛膏。

假睫毛用这一款

眼尾加强型。
Ripi（Pure Natural RP–05）
840 日元 / Annex 株式会社

Point 强调 大卧蚕！

6

卧蚕的阴影部分描线加以强调

用 D 眉笔描卧蚕的阴影线。长度是从眼头到眼尾。原本没有卧蚕的人应描淡一些以免看起来不自然。

7

用高光进一步强化卧蚕！

再把 E 高光粉打在从眼头到 3 中画的褐色眼影的部分。下方不要粘到 6 中画的卧蚕的阴影线。

8

亮色眼线是使眼睛变大的必需品

用 F 亮色眼线笔从眼头前端到瞳孔之间画眼线。要点是沿着睫毛根部画细线。

9

用纤维型睫毛膏刷下睫毛增加长度

用 C 睫毛膏纵向刷下睫毛，刷出束感。要刷到眼头为止，从整体上增加浓密纤长度。

NEXT! >>>

F
ETUDE HOUSE
伊蒂之屋眼泪眼
闪闪珠光眼线
液 1 号 WH
/个人私物

G
FASIO 完美双效
眉笔（双头眉粉
液体眉笔）01
1575 日元 / KOSE
COSMENIENCE

H
SUSIE 超完美防水
眉彩膏 01 1365
日元 / SUSIE
N.Y.DIVISION

I
资生堂 INTEGRATE
三色眉粉鼻影盒
BR731 1260 日
元 /（编辑部调查）
资生堂

J
CANMAKE 巧
丽腮红组 016
550 日元 / IDA
LABOTORIES

闭上眼睛
Check

最高点并非在眼睛中心，而是在靠近眼头的位置！

10

打造宽的双眼皮要把最高点设置得高些！

最理想的状态是从眼头到眼尾，双眼皮的宽度保持一致。为此双眼皮贴应该从靠近眼头的最高点开始贴，要点是让弧度平缓！

CHECK!
眼头有脱离感是ROLA风双眼皮的特征！

与多数日本人的内双不同之处在于，这里应该关注眼头的开口。在这里把开口弄得大一点会使整个眼睛看起来更大！

11

用眼影使双眼皮立体感更加分明

在双眼皮内侧的部分上 A ❷ 褐色眼影。制造出自然的阴影效果。

12

描双眼皮线使其更加分明

用 G 液体眉笔，描着刚刚贴出来的双眼皮线画线。要注意如果描的次数过多会造成双眼皮贴脱落。

EYEBROW & NOSE SHADOW
混血儿脸庞的关键在于立体感

1

又长又粗、眉峰要缓

用 D 眉笔描出眉毛的形状。补画眉毛的下方使眉毛和眼睛之间的距离更近。眉头先不画以免看上去不自然。

2

用染眉膏使色调更明亮

用 H 染眉膏调整眉色。眉毛不足的部分用眉笔补足，超出的部分用遮瑕膏修饰。

✱ Point ✱ 加强从眼睛到鼻梁之间的立体感

3

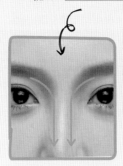

CHECK! 还要注意眉间的宽度！

4

上鼻影时要注意眉头的低洼处

用刷子蘸取 I 眉粉，混合三色，沿着从眉头到鼻梁的侧面画鼻影。

尤其是从眉头到鼻根请重复刷几次鼻影加深它的颜色。朝着鼻子中心描曲线，让眉间宽度变窄。

沿着鼻梁打高光

沿着鼻梁骨打 E 高光粉。为了使鼻子看起来更细，最好用刷头较细的刷子。

COLOR CONTACT LENS

用有透明感的灰色美瞳打造出超凡脱俗的眼睛

美瞳用这一款！

SEXY VISION
水晶灰 / 个人私物

用花边美瞳来表现自然的眼睛

用带花边的美瞳能使眼睛电力十足，一眼就能看出戴着美瞳的效果。想要看起来像真的混血儿，选择美瞳是关键。

CHEEK

画出刚晒完太阳的感觉，给人以健康愉悦之感

适合 ROLA 笑颜的橘色系腮红

确认一下微笑时突出的、两颊最高的位置。从那个部分开始朝着耳朵的方向涂腮红。

小泽香织自拍版 ♡

Finish!

"小泽也跟 ROLA 一样是横向长型的眼睛，因此这个妆可能比较容易模仿。只是，刚开始自拍的时候找最佳角度真的很费时间！而且我发现从下面拍的话可以强调眼睛的宽度，感觉不错哦。大家也来试试看。"

LET'S TRY!

Like MARIKO's make-up!

自然就是魅力的 筱田麻里子风仿妆

由于 AKB48 的粉丝说"一定能画得很像",最终促使我决定模仿这个妆容(笑)。与其他的妆容比起来,此妆容方法非常简单,因此推荐给不擅长化妆的女孩。即使是刚开始化妆的女孩也肯定可以像麻里子小姐一样可爱!

变身筱田麻里子的化妆技巧

♥

眼妆和眉毛都比较自然的感觉，无需假睫毛，是一套超自然的妆容。
女孩子最可爱的地方得以强化，因此这是一套尽管很简单但让人忍不住想要模仿的、
能使你变得可爱、开心的仿妆画法。

EYE

不戴假睫毛也可以如此华丽！

1

Point 自然的关键 是 恰到好处的眼线

2

浅色打底是制胜的关键

用刷子给整个眼窝上 **A❶** 浅金色系的褐色眼影。选择略微有一点着色效果的浅色系。

眼线要忠实于眼睛的形状

用 **B** 眼线液描着睫毛的根部画细细的眼线。眼尾的部分保持原状不要往上扬，描眼线时不要改变眼睛的形状。

CHECK!
粗细要均匀

要点是从眼头到眼尾的眼线要同等粗细。

3

4

用纤维型睫毛膏从根部开始刷

用睫毛夹从根部把睫毛往上夹，之后用 **C** 纤维型睫毛刷。不戴假睫毛的情况下，可以提升睫毛的长度和粗度。

垂垂眼眼线的关键在于眼影的浓淡

用 **A❷** 眼影，从眼头到瞳孔下方画眼线。眼睛中间位置的颜色稍微淡点，眼尾侧稍微浓点。

NEXT! >>>

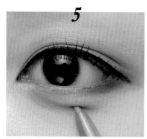

5

描阴影、似有若无地
强调卧蚕效果

用 D 眉笔描画卧蚕的阴影。长度
大抵到瞳孔的边缘。但要注意，
如果画得太粗看来像黑眼圈。

6

再用亮色眼线笔
凸显卧蚕

从眼头到瞳孔，用 E 亮色眼线
笔在步骤 5 中没有画线的部分描
画。刚好填满睫毛间缝隙。

7

用纤维型睫毛膏画下睫
毛使其看起来更长

睫毛内翻的话务必先用睫毛夹处
理，然后再用 C 纤维型睫毛膏。
反复多刷几次使它呈现束感。

双眼皮贴 *Point* 使用大小适中的 **自然的双眼皮！**

闭上眼睛
Check

没有弧度的平缓
的弧线。

8

沿着眼睛的轮廓平
行地几乎没有弧度
地贴双眼皮贴

要点是从眼头附近开始
贴，尽量不弄出弧度，
眼尾也请尽量靠近眼
睛。请试着半睁着眼一
边看一边贴。

CHECK!
从眼头附近开始贴
内双型的双眼皮从眼头
开始贴非常重要！

CHECK!
眼尾也请
尽量靠近眼睛眼睛
眼尾部分也不
要让双眼皮的
范围扩大。

EYEBROW & NOSE SHADOW

画出自然的眉毛

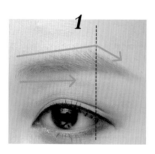

1

眉峰整体平衡很重要！

用 D 眉笔画出眉毛的基础轮廓。
上方的线是朝着眉峰向上走（上
行）。眉峰的位置请以眼尾为基
准。

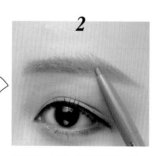

2

不足的部分请认真补足

用 D 眉笔填充轮廓内，补足眉毛
不足的部分。眉笔请选用适合自
己眉毛的颜色。

Point

用眉刷 **整理眉毛**

3

不使用染眉膏，仅
刷顺毛流就好！

染眉膏会使眉毛黏着，用眉
毛刷梳出自然的毛流就好。

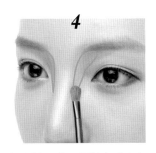

4

5

在自然形成阴影的部分加深

用 F 眉粉混合全部颜色，上鼻影。
不要弄出新的阴影，只补足眉间
自然的阴影。

用高光打造立体效果

用刷子刷上 G 高光。从眉间到鼻
尖刷上少量鼻影。

COLOR CONTACT LENS

稍加强调、
华丽效果倍增！

美瞳用这一款！

日抛美瞳隐形 One-Day
ACUVUE Define Vivid
Style / 个人私物

**像真实瞳孔一样的
天然褐色**

瞳孔颜色比较深的人，可用美瞳
营造出超凡脱俗的感觉。原本瞳
孔颜色比较浅的人保持原状就
OK 了。

CHEEK

用纯净色的腮红打造
偶像般笑容

**可以让你无条件变
可爱的粉色腮红**

用刷子蘸取 H 腮红，用指甲
轻轻拍去一些，以脸颊最高
的位置为中心横向两侧刷。

小泽香织的自拍版 ♡

◊ Finish! ◊

"因为这套妆容充分运用了自身
五官的优势，作为日常妆容很适
合哦。虽然相似度可能稍微降低
了一些，但我认为即使不贴双眼
皮也十分可爱！我弟弟超赞这套
妆容。"

LET'S TRY!

Like MIREI's make-up!

像小猫般令人怜爱的
桐谷美玲风仿妆

"这是中学时代第一次挑战的仿妆。
跟那个时候相比,
我练就了其中最重要的眼线勾画手法,
完成度应该有所提升!
小泽的垂垂眼能不能变成像桐谷桑那般的猫眼呢?"

PROCESS OF
MONOMANE MAKE-UP

变身桐谷美玲
的化妆技巧

♥

要有令人怦然心动的怜爱猫眼，
眼线是关键。妆太浓会影响完成效果，
因此需要似有若无的化妆技巧。
紧密有致的眉毛也是要达到完全复制的关键点！

EYE

目标是达成理想的杏眼

1	**2**	**3**

适宜选用淡淡的褐色打底	瞳孔上方眼线稍粗，眼尾轻微上扬	使用睫毛膏注重长度，不能有结块
在整个眼窝上刷 A 浅褐色眼影❶。不要过分强调，淡淡地刷一层使它看起来呈现出自然的阴影。	用 B 眼线液画眼线。瞳孔上方稍微粗一点，画到眼尾处自然上扬。	用睫毛夹往上夹睫毛，然后用 C 纤维型睫毛膏刷。为了不给人留下浓妆的印象，只需轻轻地涂睫毛梢。

USE ITEM

A
VISEE 裸色雕刻 眼影 BR-5
1470 日元（编辑部调查）/
KOSE

B
防水眼线液
BK 1365 日元 / LEANANI
WHITE LABEL

C
FASIO 智能卷翘双效睫毛液（纤长）1260 日元 / KOSE COSMENIENCE

D
资生堂 六角眉笔 褐色
210 日元 / 资生堂

Point 细长型猫眼技巧 在下眼线

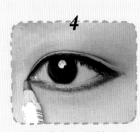

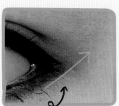

下眼线先用眉笔画!

用 D 眉笔,沿着下睫毛根部下方画眼线。从眼头开始画,眼尾一侧要稍稍超过上眼线。

反复勾画黑色眼线,使其密实

下眼睑的粘膜用 E 眼线笔填充。但要注意避免与 4 中所描眼线重合,否则会显得太浓。

CHECK!

吊梢眼要画出杏仁形:下眼线非常重要

朝上画下眼线,使其超出下眼睑,这样可以打造出自然的吊梢眼。

双眼皮 *Point* 打造出像内双一样 自然的双眼皮!

闭上眼睛 Check

从靠近眼头的地方开始贴双眼皮

与眼睛之间的距离不要间隔太开,把双眼皮的宽度变窄是桐谷眼妆的精髓。推荐睁着眼一边看一边贴。

根据眼睛的形状弄出平缓的弧度。

用稍浓的眼影进一步强化双眼皮效果

在 6 中贴好的双眼皮眼睑的内侧部分,刷上 A 稍浓的褐色眼影 ❷。用深色眼影能使眼睛看起来炯炯有神。

NEXT! >>>

E
防水长效眼线笔 525 日元 /
K-Palette(CUORE)

F
资生堂
INTEGRATE 三色眉粉鼻影盒
BR731 1260 日元 /(编辑部调查)资生堂

G
妙巴黎轻蜜粉
(02 粉肤色)
1995 日元 / 妙巴黎

H
CANMAKE 巧丽腮红组
016 550 日元 / IDA LABOTORIES

8

假睫毛用这一款！

凡尔赛假睫毛 10 自然丰盈 630
日元 / 伊势半

用根部浓黑型假睫毛强
调眼睛魅力

选择有眼线效果的、根部浓黑型
的假睫毛。推荐毛质自然、纤长、
交叉型假睫毛。

9

下睫毛打造成束感以
增加存在感

用 C 纤维型睫毛膏刷整个下睫
毛，加长效果出来后再纵向使用
梳子打造出束感。

✳ Point ✳ 眼睛看起来细长清秀，多亏这个技巧！

10

在眼头内侧画眼
线完成眼线妆

用 B 眼线液画一条强调
眼头开口的眼线。并不
是延伸，其实就是一种
描眼线加强效果的感觉。

CHECK!

眼头打造出
尖锐效果！

在眼头内侧画眼
线，使其稍微超
出睫毛旁边的眼
线。

EYEBROW & NOSE SHADOW

模仿桐谷的秘诀是眉峰要清晰

✳ Point ✳ 注意眉毛的角度和位置！

1

CHECK!

眉尾要比眉头位置高

先将眉尾高度计
算进去，比较好
抓角度。

以眼尾为基准找准最高点！

用 F 眉粉画眉毛的轮廓。巧妙地处理眉峰，可
以使眼妆看上去自然，而且能使眼睛更传神。
反之，如果眉峰太夸张的话，会给人以严厉的
印象，需加以注意。

2

鼻影的着眼点在从
眉间到鼻子的二分
之一处

用 F 眉粉混合全色，刷鼻影。
不用刷到鼻尖，刷到鼻子的
二分之一处即可。

3

高光柔和是关键

用稍微粗一点的刷子蘸取 G
高光粉，沿着鼻梁中央轻轻
地刷就 OK 了。

COLOR CONTACT LENS

自然色调同样令人印象深刻

选用仅边缘带色彩的
美瞳，展现原有的真
实瞳孔颜色

想打造出清澈明亮的眼
睛，同时又要保持自然的
效果，边缘色泽鲜明的美
瞳是最适合的。

美瞳用这一款！

SECRET THE COCOMAGIC 超自
然小黑环美瞳 / 个人私物

CHEEK

可爱不甜腻的清纯派腮红

可爱效果与清晰的
轮廓兼备！

用 H 亮橙色腮红，呈三
角形状刷两颊。橙色不
仅能使脸的轮廓清晰，还
给人以温柔可爱的印象。

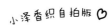

小泽香织自拍版 ♡

Finish!

"我之所以想要模仿桐谷，是因为我
曾是桐谷的粉丝，而且姐姐说我跟桐
谷'长得很像！'。'如果画成猫眼的
话是不是会更像了呢？'于是我便萌
生了这个想法。而且不仰起脸、仅眼
珠往上看，眼睛会更有魅力哦。"

小泽香织

面部护理、头发护理及身体护理全收录！

美容护理私藏 大公开！

因为工作关系，小泽香织一天可能要化好几次妆。下面给大家介绍一下即使在这样的情况下依然能保持美肌和秀发的秘密武器。

{ face care }

卸妆水和化妆水都是精心挑选过的。根据肌肤的状态区分使用。

cleansing

remover

soap

cleansing oil

基础清洁喜好擦拭
型产品

"平时化妆就用这一款卸
妆。虽然是擦拭型的，卸
妆却很方便，感觉很滋润"
贝德玛舒妍洁肤液 / 个人
私物

任何眼妆都可以轻
易地卸掉

"卸妆时，只有睫毛膏需要
用它好好地擦拭"
FASIO 睫毛卸妆液 / 个人
私物

看中的是它连角质
都可以洗掉

"用卸妆油清洁的时候，用洁
面皂洗脸也是有好处的。同
样都是 DHC 搭配使用中！"
DHC 纯榄滋养皂 / 个人私物

摄影时的得力助
手，浓妆也交给它

"用于浓妆和一天内多次着
妆的时候。这次摄影也一
直带着。"
DHC 橄榄深层卸妆油 /
个人私物

lotion

essence

cream

lotion

moisture
lotion cream

三个全部反复使用中，感受 Rice Force！

"自从试用了 Rice Force 后到现在一直在使用，真的非
常棒。之前经常烦恼的问题都消失了哦！平日里的日常
护理就交给这三样。"
Rice Force 深层滋润护肤水、Rice Force 深层滋润精
华素、Rice Force 深层滋润霜 / 皆为个人私物

倩碧是拯救小泽皮肤的必备品

"当肌肤疲劳时，倩碧似乎很管用"
倩碧保湿洁肤水 2 号 、倩碧黄油特效润肤露有油乳液 /
皆为个人私物

{special care}

从面膜到睫毛美容液，除了基础化妆品之外，强烈推荐以下美肤品。

creampack

美白泡沫乳霜状面膜
黏糊的用起来很舒服

"因为是泡沫式的乳霜状面膜，
所以用起来很舒服。感觉真的
会变白！"
SU:M37° 美白排毒面膜 / 个人
私物

placenta

只要睡前涂抹就好！
轻松使用的特点很棒

"睡觉之前涂抹、起床之后再
清洗掉的膏状睡眠面膜。感
觉毛孔收缩了，强烈推荐
哦！"
GEKKA 睡眠面膜 / 个人私物

for eyerush

专用美容液，告别
干燥睫毛膏

"小泽作为形象代言人的
产品。睫毛会变得很有
弹力哦"
D.LABELLA ETERNAL
EYELASH / 个人私物

mask pack

众多产品中的梦幻
珍品！

"面膜几乎每天都做。试
了很多之后发现还是这个
最好。" TONYMOLY 植物性
胎盘保湿面膜 / 个人私物

mask pack

在拍摄间隙需要放松时，
它能派上用场

"在这次摄影中我就常常用到
它。"
Nature Republic Aqua 极润保湿水
凝面膜、眼膜 / 皆为个人私物

{hair care}

我经常要在 TV 或是杂志上出镜，
因此头发也要好好修整。头发有
光泽是非常重要的！

{body care}

润肤乳的滋润成分固然重要，
但我更注重其香味。

hair oil

美发沙龙也推荐使用
的实力派发油

"这是在经常光顾的美发沙龙
买的。这一款发油可以让头
发变得很健康，而且它的香
味我也非常喜欢。" Milbon 滋
养柔顺免洗护发发油

oil mist

吹头发之前使用，
保护发丝不受伤害♥

"吹头发之前喷在头发上，
第二天头发会非常顺畅。
基本每天都在用。"
Domell 发油喷雾 东方系混
合花香型 / 个人私物

lotion

搭配洗发香波一起使用，
散发女人味的迷人香气

"Diane——喜欢它的味道。洗发
香波也在搭配使用中！"
Moist Diane 滋润芳香身体乳 花
冠花香 / 个人私物

\LET'S TRY!/

Like TSUBASA's make-up!

可爱甜美的垂垂眼
益若翼风仿妆

"益若的妆容从以前的少女风逐渐变得成熟起来了，
因此小泽在仿妆中也悉心钻研了假睫毛的戴法等。
甚至连甜美度爆表的愉悦氛围都完整再现哦！"

PROCESS OF
MONOMANE MAKE-UP

变身益若翼的化妆技巧

♥

要说她的最大特征，还是垂垂眼。
不仅仅是模仿眼睛的形状，
还加入了一些可以增加甜美度的技巧，
千万不要错过哦！若能施以这些小技巧，
相似度会更高！

EYE

让垂垂眼看起来更加甜美的要领

1	*2*	*3*

选择浅褐色色系打底	要画垂垂眼，眼线不能拉过长	下眼线用眼影是绝妙方法！
用刷子蘸取 A❶ 褐色眼影，刷在整个眼窝上。选择跟肤色相近的浅褐色色系，看上去会比较自然。	用 B 眼线液画线。沿着眼睛的轮廓一直画到眼尾，然后缓缓上扬，长度大致与双眼皮末端相同就 OK 了。	下眼线不要用眼线液，用 A❷ 褐色眼影。从上眼线的结尾部分画到大约瞳孔的下方，呈梯形。

USE ITEM

A	B	C	D
VISEE 裸色雕刻眼影 BR-5 1470 日元（编辑部调查）/KOSE	防水眼线液 BK 1365 日元 / LEANANI WHITE LABEL	FASIO 智能卷翘双效睫毛液（纤长）1260 日元 / KOSE COSMENIENCE	资生堂 INTEGRATE 眉笔 浅褐色 极细俐落旋转式 735 日元（编辑部调查）/资生堂 

✲ Point ✲ 睫毛分段处理!

眼尾一侧不要用睫毛夹

避开眼尾侧三分之一的睫毛，只用睫毛夹使中央至眼头的睫毛上扬。适当倾斜睫毛夹，就能轻易地夹住睫毛的一部分。

眼头到眼中央的睫毛涂上睫毛膏!

只在 4 中用睫毛夹夹翘起来的部分涂上睫毛膏。这个部分不戴假睫毛，用 **C** 纤维型睫毛膏加强增长效果。

眼尾到眼中央戴上假睫毛!

把半截型的假睫毛戴在上睫毛的眼尾处。戴假睫毛时眼睛向下看，以避免假睫毛向上翘。

CHECK! 假睫毛戴好后用指头摁一摁使其定型

假睫毛戴好后，用指头向下摁一会，使其下垂。

假睫毛用这一款!

Dolly Wink No.15 纯洁女孩 1260 日元 / T-Garden

✲ Point ✲ 加强卧蚕效果，完成益若美丽眼妆

卧蚕的阴影用眉笔画出

用 **D** 眉笔描卧蚕的阴影。长度到瞳孔下方。描的时候跟眼睛保持平行，这样更像益若的眼睛。

用高光提升卧蚕的魅力

用 **E** 在 7 中已加强阴影效果的卧蚕上打上高光，强调立体感。从眼头开始到 3 中画眼线的部分为止。

用粉珍珠色眼线打造莹润双眼

从眼头开始到瞳孔下方的位置，沿着下眼睑最突出的位置，用 **F** 粉珍珠色眼线笔描较细的眼线。比起白色，粉珍珠色能更好地打造出透明感。

NEXT! >>>

E
妙巴黎轻蜜粉（02 粉肤色）1995 日元 / 妙巴黎

F
VALSAREA 闪耀眼线液 3 号 / 个人私物

G
超完美防水眉彩膏 01 1365 日元 / SUSIE N.Y.DIVISION

H
资生堂 INTEGRATE 三色眉粉鼻影盒 BR731 1260 日元 /（编辑部调查）资生堂

I
Candy Doll 混血娃娃 3D 小颜立体腮红饼草莓粉 1470 日元 /T-Garden

双眼皮贴

Point 放大眼尾的 双眼皮宽度

10

下睫毛不要用假睫毛，用睫毛膏打造出束感

为了打造出成熟、自然的效果，用睫毛膏而不是用假睫毛来增加长度和浓密度。推荐 C 纤维型睫毛膏。

11

闭上眼睛
Check

从眼头到眼尾双眼皮宽度逐渐扩大

制作双眼皮，宽度比弧度更加重要

睁开眼睛时能看到眼尾一侧原来的双眼皮线，这样的宽度就 OK。不要一口气贴完，最好一边看一边贴。

EYEBROW & NOSE SHADOW

画下垂眉型的要点

Point 更靠近 眼睛

1

长度要根据眼睛的弧度

眉尾按照原来的形状画细一点，短一点。

\ check 形状！

忽略原来的眉峰！

平行地描眉，并使眉尾缓缓下降。

2

眉毛颜色改涂为亮色！

用 G 染眉膏，刷轮廓内的眉毛。其余部分的眉毛用遮瑕膏修饰。

3

鼻影刷得稍短些

用 H 眉粉，混合三色，刷眉头下方到眼头旁自然低注的部分。

4

大范围打上轻薄的高光使鼻子显小

鼻子中央大面积打高光可以让鼻子看起来小巧。高光过重过厚反而会使鼻子显大，因此要领是要轻薄。

COLOR CONTACT LENS

反差色美瞳打造洋娃娃的感觉

选择黑色边缘和浅褐色瞳孔两种色调的组合

打造亮棕色甜美眼睛。为了给人印象深刻，最好用边缘色泽鲜明的美瞳！

美瞳用这一款

Angel color Bambi series chocolate 芭比巧克力棕（2枚装）4980 日元 / T-Garden

CHEEK

从脸颊内侧开始着色，用粉色腮红打造甜美风

1

2

两颊都用淡粉色显得甜美可爱

首先用 I 淡色，用指甲轻拭使腮红粘得薄一点。用刷头稍大的刷子在脸颊上以大面积打圈的方式刷腮红。

轻打一些稍浓的粉色腮红！

色彩浓度逐渐加深，用刷子调节颜色，在脸颊最高位置以画小圈的方式打上腮红。

小泽香织自拍版 ♡

Finish!

"可能有人觉得这套仿妆的眼线和睫毛'比想象的更淡！'。如果把眉毛颜色变深一些，美瞳换成更自然的色调，越发能给人一种稳重的印象，因此也推荐给成熟的女性。请尝试改变一下自己哦！"

Like NANAO's make-up!

!LET'S TRY!

目光冷艳魅惑的 菜菜绪风仿妆

"在这套妆容中，小泽会传授'描发际线'这一在普通妆法里面看不到，只有'仿妆'里才有的技巧。这一技巧不露声色却能使妆容更相似。另外还有小脸效果，也希望在其他妆法中尝试应用！"

变身菜菜绪的化妆技巧

❤

这套妆容跟其他妆容有一些微妙的区别，它并不讲究睫毛的形状和长度，而更追求"质感"。
正因为她以飘逸的秀发给人留下深刻的印象，脸部周围发际线的仿妆也是要点。小脸效果也非常出众！

EYE

极具特点的睫毛成为妆容的主角

Point 缓缓上扬的眼线长度
也是要点！

1

选用跟肤色相近
的浅棕色打底

用刷子蘸取 A ❶ 棕色眼影，
在整个眼窝上均匀抹开。
想要画出目光冷艳的效
果，颜色最好不要太浓。

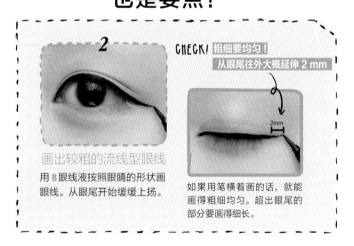

2

CHECK! 粗细要均匀！
从眼尾往外大概延伸 2 mm

2mm

画出较粗的流线型眼线

用 B 眼线液按照眼睛的形状画
眼线。从眼尾开始缓缓上扬。

如果用笔横着画的话，就能
画得粗细均匀。超出眼尾的
部分要画得细长。

NEXT! >>>

USE ITEM

A
VISEE
裸色雕刻眼影
BR-5 1470 日元
（编辑部调查）
/KOSE

B
防水眼线液
BK 1365 日元 /
LEANANI WHITE
LABEL

C
FASIO 智能卷
翘双效睫毛液
（纤长）1260
日元 /KOSE
COSMENIENCE

D
妙巴黎轻蜜粉
（02 粉肤色）
1995 日元 / 妙
巴黎

E
资生堂
INTEGRATE 极
细俐落旋转式
眉笔 浅褐色
735 日元 /（编
辑部调查）资
生堂

F
VALSAREA 闪
耀眼线液 1 号
/ 个人私物

G
防水长效眼线笔
01 525 日元
/ K-Palette
(CUORE)

H
超完美防水眉
彩膏 01 1365
日元 / SUSIE
N.Y.DIVISION

I
资生堂 INTEGRATE
三色眉粉鼻影盒
BR731 1260 日元
/（编辑部调
查）资生堂

J
资生堂
六角眉笔 褐
色 210 日元
/ 资生堂

K
CANMAKE 巧
丽腮红组
016 550 日
元 / IDA
LABOTORIES

3

用眼影画下眼线温柔感倍增

用 A❷ 颜色稍深的褐色眼影，从眼尾侧一直画到瞳孔的位置。吊梢眼的亲们请稍微画粗点。

4

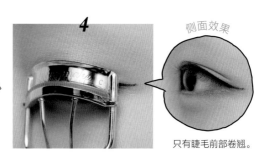

侧面效果

只有睫毛前部卷翘。

睫毛夹不要碰到睫毛根部，只夹睫毛梢！

睫毛夹不用从睫毛根部开始夹，只是睫毛梢向上卷就可以了。从睫毛的一半到睫毛梢的部分夹 2 下使其卷翘。

Point 让假睫毛看起来像真睫毛的技术

5

选择自然的假睫毛

假睫毛推荐有束感的、没有交叉的假睫毛。沿着睫毛根部贴。

假睫毛用这一款！

VALUE PACK

42

直型睫毛看起来更有真实感！
假睫毛超级套装组合 堂吉诃德 VP42
1260 日元 /BEAUTY NAILER

6

用睫毛夹使所有的睫毛向上卷！

把自身的睫毛和假睫毛从根部到睫毛梢一起夹，夹 2 ~ 3 下使其向上卷。

7

用睫毛膏使其融合，打造有真实感的睫毛

之后再上 C 纤维型睫毛膏。从根部开始仔细刷，使自身的睫毛和假睫毛呈束状。

8

卧蚕首先使用高光粉打底

将 D 高光粉打在卧蚕的整个鼓起部分。亮粉质感造就菜菜绪般的漂亮眼睛。

9

画一条强化卧蚕阴影的线！

用 E 眉笔描瞳孔下方的阴影，不要平行地描，要点是描在稍微靠下的位置。

10

卧蚕画较细的亮色眼线，
是提高相似度的关键所在

用 F 金色眼线笔沿着下睫毛下
方画眼线，要注意避免画得太
粗，否则会显得孩子气。

11

下睫毛最重要的是束感！
涂上足够的纤维型睫毛膏

用 C 纤维型睫毛膏，涂成一束束的
样子。因为要画出自然的感觉，所
以不用睫毛夹也 OK。

∗ Point ∗ 双眼皮的幅度是 宽而平缓的弧形

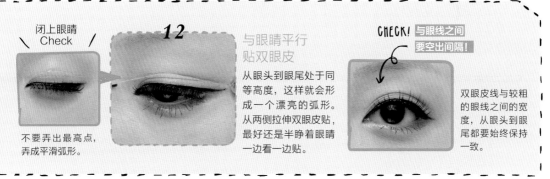

闭上眼睛
Check

不要弄出最高点，
弄成平滑弧形。

12

与眼睛平行
贴双眼皮

从眼头到眼尾处于同
等高度，这样就会形
成一个漂亮的弧形。
从两侧拉伸双眼皮贴，
最好还是半睁着眼睛
一边看一边贴。

CHECK! 与眼线之间
要空出间隔！

双眼皮线与较粗
的眼线之间的宽
度，从眼头到眼
尾都要始终保持
一致。

13

反复刷眼影，使双眼皮
的阴影显现出来

用比打底的颜色略浓的 A❷ 褐色
眼影反复刷双眼皮的眼睑部分，
使双眼皮更加清晰分明。

14

用黑色眼线笔涂
满睫毛的空隙

轻抬上眼睑，用 G 眼线笔涂满睫
毛的空隙。空隙会很显眼，因此
一定要涂好。

NEXT! >>>

EYEBROW & NOSE SHADOW

打造冷艳目光，眉毛也十分关键！

Point 近乎直线的 弯月眉毛

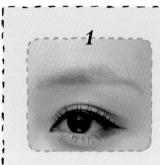

1

定好眉毛下方的线，确保平衡

是否保持水平是非常重要的，因此用 E 眉笔定好眉毛下方的线。与眼尾的眼线相类似，眉尾也要有弧度。

CHECK! 眉毛上方的线不要画出眉峰，下方的线要保持平行！

眉毛要稍微细一些。眉间的宽度定好后，沿着眉毛上方的线和下方的线平行地描眉。

2

轮廓内首先用眉笔画

轮廓内眉毛不足的部分，用眉笔补足。尤其是没有眉毛的部分只能用眉笔描，因此要细心。

3

用眉刷进行整体调整

用眉刷来调整眉毛，使眉笔描过的部分和自身的眉毛融为一体。不整齐的部分要格外仔细。

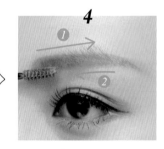

4

用染眉膏使色调均匀！

用 H 染眉膏逆着毛的方向涂好之后，再顺着毛的方向涂抹的话能使上色充分。

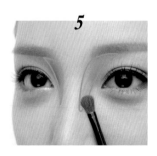

5

用稍浓的鼻影来缩短眉间的距离！

将 I 三色混合，从眉头下方到眼睛下方，以画三角形的方式刷鼻影。

6

用稍细的刷子刷出又细又高的鼻子

从鼻根开始，用刷头较平的刷子蘸取 D 高光粉，以纵向画细线的方式打上高光。

Point 发际也是提高完成度的**隐形技巧**

7

用眉笔给发际增发！

用 J 眉笔给发际晕色补足，这个时候眉笔请选择适合自己发色的颜色。

8

鬓角也要晕色增发

这一步是鬓角头发稀薄的读者们尤其想要挑战的技术。用 J 眉笔，到耳朵大概一半的位置，晕色补足鬓角。

COLOR CONTACT LENS

接近真实瞳孔颜色的美瞳是成熟眼睛的必要之选

美瞳用这一款！

日抛美瞳隐形 / 个人私物

色调转变为稍微明亮的褐色

边缘带色彩或者不自然的全黑型都不行。如果想要强调睫毛使人印象深刻，选择跟自己瞳孔颜色接近的美瞳。

CHEEK

Cool beauty
橙色是原则

要使轮廓清晰，角度也是关键

用刷子取适当 K 腮红，从脸颊较高的位置向着嘴角方向斜着打腮红。

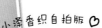

小泽香织自拍版 ♡

Finish!

"画这套妆的契机是见到她本人的时候，我就想'也许我能做到！'。而且我发现我的眼睛跟她有所相似。之后又加以研究，发现她的发际也很有特点。如果有意作出冷艳的眼神，还会有酷酷的感觉哦！"

Like KUMICKY's make-up!

LET'S TRY!

圆圆垂垂眼的**舟山久美子风仿妆**

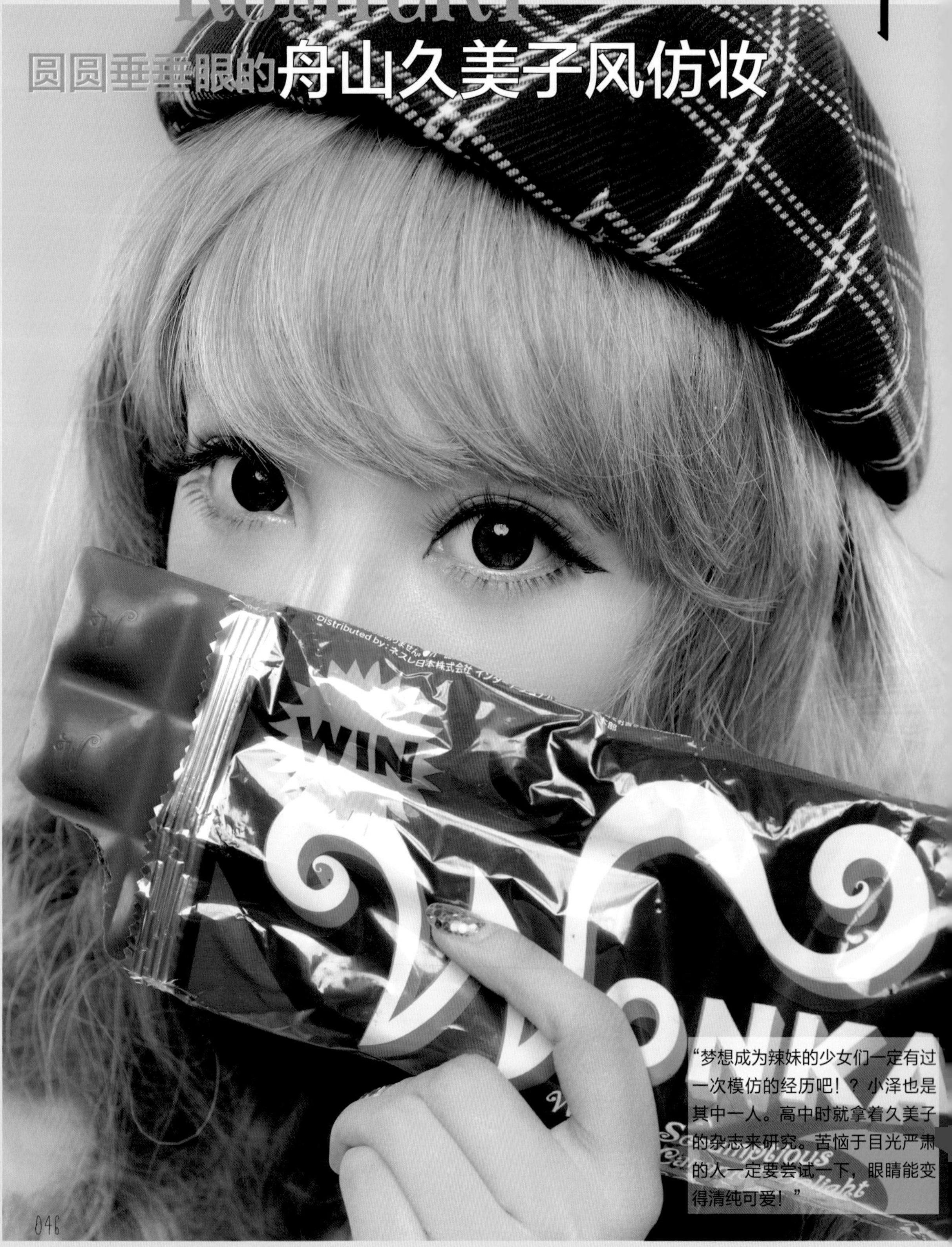

"梦想成为辣妹的少女们一定有过一次模仿的经历吧！？小泽也是其中一人。高中时就拿着久美子的杂志来研究。苦恼于目光严肃的人一定要尝试一下，眼睛能变得清纯可爱！"

变身久美子的化妆技巧

♥

要变成久美子那样的圆形眼睛，
要领是从纵向上使眼睛显得更大。为此，上下假睫毛的存在感非常重要！
选择类型及戴法都有要领，需加以确认。

EYE

打造纵向放大的圆眼

Point 略粗的眼线
使黑眼睛看起来更大

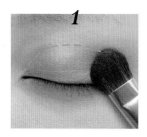

1

用略微闪耀的颜色打底更适合！

用刷子把 A 金色系列褐色眼影刷在整个眼窝上打底。略为华丽的光泽感可以提高相似度！

2

用略粗的眼线，使眼睛更圆

用 B 眼线液描上眼线。眼尾尽量往低画，整体画得较粗，尤其是瞳孔上方要加粗。

3

从上眼睑开始画眼头的开口

用 B 描眼头的开口，加以强调。之所以不从下眼睑画开口，是因为那样看上去眼睛会显得细长。

NEXT! >>>

USE ITEM

A
使用色
DODO 魅感炫色眼影 / 个人私物

B
防水眼线液 BK 1365 日元 /LEANANI WHITE LABEL

C
FASIO 智能卷翘双效睫毛液（纤长）1260 日元 /KOSE COSMENIENCE

D
防水长效眼线笔 01 525 日元 / K-Palette(CUORE)

E
VISEE 裸色雕刻眼影 BR-5 1470 日元（编辑部调查）/ KOSE

F
资生堂 INTEGRATE 极细俐落旋转式眉笔 浅褐色 735 日元 /（编辑部调查）资生堂

G
超完美防水眉彩膏 01 1365 日元 / SUSIE N.Y.DIVISION

H
资生堂 INTEGRATE 三色眉粉鼻影盒 BR731 1260 日元 /（编辑部调查）资生堂

I
妙巴黎轻蜜粉（02 粉肤色）1995 日元 / 妙巴黎

J
CANMAKE 巧丽腮红组 020 550 日元 / IDA LABOTORIES

✱Point✱ 向上翘的假睫毛 贴法是关键！

4

涂上胶点
确认位置！

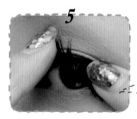

5

上睫毛用这一款！

垂垂眼的精髓在于用眼影画下眼线

从下眼睑的眼尾开始，到眼睛的二分之一处使用 E❶ 褐色眼影。要点是用稍浓的颜色浅浅地画。

假睫毛的胶水请涂在睫毛根部的上方。这样戴的时候，比较容易向上翘。

圆眼的关键在于睫毛的中间部分要用手指压弯

在睫毛根部贴上假睫毛之后，中间部分用手指向上按压。与此相反，眼尾的睫毛要朝下按压使其弯曲，这样才能变成垂垂眼。

选择中间部分有浓密的类型。
Dolly Wink No. 02 甜美女孩 1260 日元 / KOJI 总店

下睫毛用这一款

重视眼尾侧的浓密度。
Dolly Wink No. 14 花漾女孩 1260 日元 / KOJI 总店

6

7

8

下睫毛要重视束感！使其朝下

下边所使用的假睫毛，要使它与自身的下睫毛重合。有束感型的下睫毛，可以让眼睛看起来更圆。

反复使用睫毛膏使假睫毛与自身的下睫毛融为一体

纵向移动 C 睫毛膏的刷子使有束感的假睫毛与自身睫毛融合。既强调束感又不失自然。

上眼睑画内眼线能进一步提升眼睛的魅力！

轻轻抬起上眼睑，在粘膜上用 D 描内眼线。因为眼线很粗，因此内眼线要好好画。

ふた重テープ

✱Point✱ 双眼皮贴 打造大弧度双眼皮

9

闭上眼睛
Check

双眼皮的幅度能使瞳孔上方形成弯曲的山形。

在瞳孔上贴出弯曲的山形

曲线弧度稍微大一点。因为眼线很粗，为了睁开眼睛的时候不跟双眼皮重合，幅度要宽一些。

10

给双眼皮打上阴影，与眼影重合

用 E❷ 稍浓的眼影描双眼皮的上方。轻微着色就 OK 了。用刷子刷的话与打底颜色的融合度会更好。

EYEBROW & NOSE SHADOW

弱化眉毛的印象从而使眼睛得到强调

1

线 1 形成下降感

用 F 眉笔在自身眉毛的下方描线画出轮廓。轮廓画完之后，补足眉毛不足的部分。

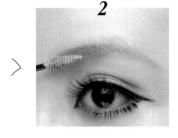

2

转换颜色形成高调浅色的薄眉

用 G 染眉膏涂轮廓中的眉毛。超出轮廓的部分用遮瑕膏修饰。

3

在眉间部分似有若无地打上鼻影

用刷子蘸取 H 眉粉，混合全色，以眉间部分为中心，刷上鼻影。下方大致到低于眼睛的位置。

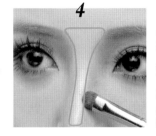

4

用高光打造立体感！

鼻影比较薄的情况下，充分打上 I 高光。眉间的三角区域是重点。鼻子中央的高光要打得略细一些。

COLOR CONTACT LENS

能打造圆圆眼效果的是这一款

美瞳用这一款！

POPLENS LOVERING 褐色 大型号 / 个人私物

用边缘色泽鲜明的美瞳打造久美子风眼眸

用边缘色泽鲜明的美瞳打造大眼睛是久美子眼睛的特点之一。推荐边缘颜色深，中间颜色浅的美瞳。

CHEEK

转变为少女状态的关键

提升可爱度，粉色腮红是原则

用 J 腮红，以脸颊较高的位置为中心，以画大圆的方式用刷子打上腮红。反复打几次使腮红颜色明显。

小泽香织自拍版 ♥

Finish!

"我的眼睛形状是横长形的，所以我觉得模仿久美子眼妆可能会有些困难。但是我又一次真实地感受到只要有双眼皮贴、眼线、假睫毛，眼睛的形状就可以改变！要是从稍微靠上的角度拍摄的话，圆眼的效果可以得到加强，从而提升可爱度哦。"

美丽加倍!

小泽的照片之所以可爱不仅是因为化妆技术，自拍技术也大有秘诀哦!

Rule 1 用手托住脸颊**小脸效果出众!**

用一只手就足够了!

> "基础中的基础技巧! 隐藏、减小脸部面积。
>
> 用手既可以自然隐藏脸部面积, pose 也看起来很可爱，可谓一石二鸟。用头发隐藏也很有效果，极力推荐。长脸型的人只需要改变拍照的角度就非常有效果哦!"

时髦派 用头发隐藏　长脸型的亲们 从上面拍

即使不用手也很有效果哦!

戴大太阳镜!

Rule 2 可爱气息交给**天真俏皮的pose ♥**

这个是小泽香织风pose !

> 亲切可爱的感觉能活跃气氛♥
>
> 俏皮的 pose 和表情，能使效果倍增。即使故意摆出奇怪的表情，只要嘴角紧闭表情不走样就很可爱。搭配毛绒玩具是王道! (笑)

俏皮的表情也很可爱哦!

还可以使用俏皮的小道具!

出镜率极高!

自拍技巧

满载各种你想知道的自拍技巧：使仿妆更传神的技术、速成的小脸技术等。

7 Rules

Rule 3 只要改变相机的位置就可以自由改变眼睛的形状哦！

双眼皮幅度较窄的人
从正面拍！

想要提升完成度，请记住这个法则！

仿妆中，可能有人会说"想让这个眼睛看来是这样！"。因此要掌握这项技术。不妨说有些仿妆正是因为拍摄的角度才会比较相似。

想让眼睛看起来更精神
从上面拍

想让眼睛看起来细长
从侧面拍

想要让双眼皮的看起来更宽
从下面拍

Rule 4 躺拍的话利用灯光效果**打造美肌！**

躺拍要在灯光下！利用灯光效果消除缺点

尤其是素颜时一定要用到的技术。沐浴在灯光下，小问题就会不翼而飞了。白色灯光可以让皮肤看起来更白，而且感觉更妩媚哦。

Rule 5 在咖啡馆拍可以**提升女人味！**

时尚女性的氛围完全散发

"尽显时髦女郎气息！小泽每次去时尚的地方心情就会非常好，会拍很多照片（笑）。要领是要在店里拍。拿个杯子什么的也很可爱啊！"

Rule 6 尽显特写部分的**魅力**

以视觉冲击效果取胜，照片本身看起来也很可爱

这样比拍摄全脸更令人印象深刻，对吧？依然推荐眼睛的局部效果。不仅眼睛看起来更大，还有小脸的效果！如果嘟起嘴巴，让表情更别具一格。

特写双唇！　　特写眼睛！

Rule 7 能让你瞒天过海拥有活力美肌的 APP **看这里！**

如今已经到了没有这些 APP 就无法拍照的地步！

一定要掌握可以美颜的滤光器！此外还有 PopCam 的印章和边框也很可爱，我非常喜欢。仅仅给照片加个印章突出装饰效果就可以大大提升可爱度。

Pudding
相机

poco
美人相机

PopCam

LET'S TRY!

Like AYU's make-up!

拥有闪烁大眼睛的 滨崎步风仿妆

"收集在博客里面播量 No.1 的妆容！滨崎步的眼睛本来就很大，再加上完美的眼妆，小泽在模仿时颇费了一番心思。另外还有一些比较难的技术。为了达成理想的妆容一起努力吧！"

变身滨崎步的化妆技巧

♥

运用所有仿妆技巧重塑大眼睛。
尤其是假睫毛，小泽为这套妆容研究出了独特的假睫毛戴法！

EYE

用睫毛和眼线打造魅力十足的双眸

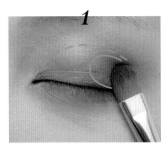

1

从打底开始注意垂垂眼的层次感

用刷子蘸取 A ❶ 眼影刷在整个眼窝上。眼尾反复上色使它略浓一些。

2

眼线的粗细是关键！有意识地纵向放大眼睛

用 B 眼线液沿着睫毛的根部画眼线。有意识地纵向放大眼睛，把眼线描粗，粗细要均匀

Point 用下眼线打造 **垂垂眼**

\check 形状！/

3

下眼线选用粗细灵活的眼影

用刷子蘸取 C ❸，从眼尾向眼头方向画眼线。

要点是眼尾一侧要画出圆润的感觉。

4

自身的睫毛也要画出充分的浓密度

用睫毛夹从睫毛的根部开始夹，使睫毛向上卷。再用 C 纤维型睫毛膏提升浓密度。

NEXT! >>>

♥ USE ITEM

A VISEE 裸色雕刻眼影 BR-5 1470 日元（编辑部调查）/ KOSE

B 防水眼线液 BK 1365 日元 /LEANANI WHITE LABEL

C L.A.Colors 16 色 NIPPON RUNWEL 眼影调色板

D FASIO 智能卷翘双效睫毛液（纤长）1260 日元 /KOSE COSMENIENCE

E DODO 眼线笔珍珠白 / 个人私物

F FASIO 完美双效眉笔（双头眉粉液体眉笔）01 1575 日元 / KOSE COSMENIENCE

G Dolly Wink 眉笔 NO.1 蜂蜜棕 735 日元 / koji-honnpo

H KATE 染眉膏 NLB02 / 个人私物

I 资生堂 INTEGRATE 三色眉粉鼻影盒 BR731 1260 日元 /（编辑部调查）资生堂

J 妙巴黎轻蜜粉（02 粉肤色）1995 日元 / 妙巴黎

K CANMAKE 巧丽腮红组 550 日元 / IDA LABOTORIES

双眼皮贴

✦Point✦ 打造曲线大胆的宽幅度双眼皮

\闭上眼睛 Check/

5

宽幅度双眼皮大功告成。如果在瞳孔上打造弧度较大的弧形，眼睛看起来会更大。

曲线的最高点设在眼睛的中心

为了打造宽幅度双眼皮，要点是曲线的弧形要大。

\Check 形状!/

打造出让粗眼线都看起来不粗的宽幅度双眼皮!

✦Point✦ 假睫毛的位置 决定眼睛的形状!

假睫毛用这一款!

有束感、干净的分装型假睫毛是必备!
Dolly Wink No.11 自然纤长 1260 日元 / KOJI 总店

6

瞳孔上方间隔一些距离戴假睫毛

在戴假睫毛的时候，仅在瞳孔的上方，与眼睛间隔一些距离的位置戴假睫毛，这样眼睛看起来会更大。但要注意不要戴在高于眼线的位置。

从侧面 Check

睫毛直直朝上!假睫毛不要盖住瞳孔，凸显完美双眸!

假睫毛用这一款!

假睫毛超级套装组合 堂吉诃德
VP42 1260 日元 /BEAUTY NAILER

7

下睫毛要注意眼睛的理想形状!

沿着在 3 中描的下眼线，戴下方的假睫毛。睫毛膏会破坏束感的平衡，因此不要涂。

8

使下眼睑的粘膜看起来像白眼珠

轻轻按压下眼睑，用 E 白色眼线笔涂粘膜。看上去达到扩大白眼珠面积的效果。

9

用眼影加强双眼皮阴影

用 A ❷ 眼影刷在双眼皮眼睑的内侧。要注意避免超过双眼皮贴，否则会显得不自然。

10

强调双眼皮线以打造清晰分明的双眼皮

双眼皮贴上方用 F 描，不要太浓。推荐用颜色不太深的眼线液。

EYEBROW & NOSE SHADOW

能衬托晶亮大眼的薄而短的细眉毛

Point 打造有眉峰的淡薄眉毛

首先 Check 形状！

在自身的眉毛上画出眉峰，然后再向下画出短短一截。

1

眉毛轮廓及轮廓内都用高调色泽的眉笔描

用 G 与金色相近的眉笔描出轮廓。轮廓内眉毛不足的部分也照旧用眉笔描。

2

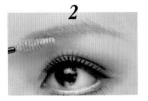

高调色泽使眉毛看上去更薄！

用 H 高调色泽的染眉膏涂眉毛。逆着眉毛的方向涂，隐藏好原来的毛色。超出轮廓外的眉毛用遮瑕膏修饰。

3

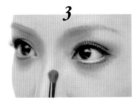

鼻影要在小范围内涂浓一些

用刷子蘸取 I 眉粉使三色混合，从眉毛下方到眼睛旁边涂得略浓一些。从眼睛旁边到鼻尖涂得薄一些。

4

刷上较细的高光线画出细鼻梁

用刷头较细的刷子蘸取 J 高光粉，沿着鼻梁骨刷上高光。刷出一条细线的形状。

COLOR CONTACT LENS

保持成熟感的秘诀是自然的眼眸！

美瞳用这一款！

日抛美瞳隐形
One-Day ACUVUE
Define Vivid Style
/ 个人私物

选择深褐色 & 无明显边缘的类型

美瞳如果选择高调色泽的话会显得很幼稚。建议选择色彩真实、有质感的类型。

CHEEK

腮红用橙色打造出健康的感觉

要领是轻轻地打上色彩鲜明的腮红

用刷子蘸取 K 腮红，用指甲轻拭之后，在脸颊突起的位置以画小圈的方式打上腮红。之后横向轻刷使其融为一体。

小泽香织自拍版 ♥

Finish!

"正因为博客点击量非常高，所以在博客上传的时候心情非常紧张。但是意外收到了很多赞美之辞真的非常开心。假睫毛和双眼皮贴都需要细腻的技术，但是习惯了之后就非常简单！眼睛形状比较圆的人更容易模仿！"

LET'S TRY!

Like CHRISTEL's make-up!

知性温柔的 泷川克里斯汀风仿妆

"目光温和、优雅却气场强大的成熟女性妆容。从小泽的角度来看，与其说是'仿妆'倒不如说是'变成理想的年长女性'的一套妆容！对于想画出稳重妆容以及想画出混血儿妆的成熟女性非常适合。"

PROCESS OF MONOMANE MAKE-UP

变身泷川克里斯汀的化妆技巧

♥

跟其他的妆容比起来，这套妆容的假睫毛和眼线的存在感比较保守。
尽管如此，之所以显得华丽是因为强化了混血儿脸所特有的眼鼻立体效果。
成熟、有品位的双眼皮也是其看点哦！

············· EYE ·············

给人以温柔印象的混血儿眼妆

1

2
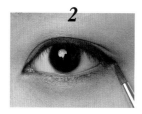

选择浓度适宜的褐色
打底

用刷子蘸取 A❶ 自然的褐色
眼影，刷在整个眼窝上。打
造成熟的眼睛，关键在于眼
影要刷得精细。

不过分强调眼线，
使用褐色眼线胶

用 B 褐色眼线胶描上眼线。
眼线画粗一些以使瞳孔上方
的部分看起来圆润。

3
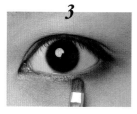

4
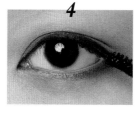

5
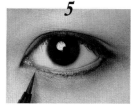

用眼影画下眼线，
打造柔和的垂垂眼

用 A❷ 眼影画下眼线。长度
大约为从眼头至瞳孔的位置。
眼尾一侧稍微画粗一些。

保守使用睫毛夹 &
睫毛膏

睫毛夹不要从睫毛根部开始夹，
只夹睫毛梢使其向上卷。涂上
C 纤维型睫毛膏打造自然效果。

使下睫毛看起来
更浓的极细眼线

用 D 眼线笔画眼线以填充下睫
毛的间隙。从眼尾到眼头方向
画眼线，眼头空着不用画。

USE ITEM

A
VISEE 裸色雕刻
眼影 BR-5 1470
日元（编辑部调
查）/KOSE

B
M.A.C 流畅
眼线胶
/个人私物

C
FASIO 智能卷翘
双效睫毛液（纤
长）1260 日元
/KOSE
COSMENIENCE

D
防水眼线液 BK
1365 日元
/LEANANI WHITE
LABEL

E
防水长效眼线笔
525 日元
/K-Palette(CUORE)

F
FASIO 完美双效眉笔
（双头眉粉液体眉笔）
01 1575 日元
/KOSE COSMENIENCE

G
资生堂 六角眉
笔 褐色 210 日
元/资生堂

H
资生堂 INTEGRATE
三色眉粉眼影盒
BR731 1260 日元
/（编辑部调查）
资生堂

I
CANMAKE 巧
丽腮红组 016
550 日元 / IDA
LABOTORIES

057

双眼皮

Point 睡眼惺忪的 宽幅双眼皮！

闭上眼睛
Check

几乎没有弧度，朝着
眼尾方向逐渐上扬。

6

明显的双眼皮需
要拓宽眼尾一侧
的幅度

宽幅度的双眼皮是更接
近于混血儿脸的关键所
在。从比眼头略高一点
的位置开始，到比眼尾
略高一点的位置结束。

眼尾一侧
有三层也OK！

尤其是眼尾部分
要弄成大致三层
的宽幅度！

7

打造纤长自然的下
睫毛

用 C 纤维型睫毛膏充分
刷下睫毛。有品位的妆
容，其要领是不用假睫
毛，而是用自身的睫毛
表现出长度感。

8

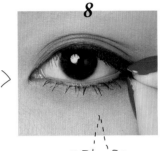

成熟的垂垂眼用
略重的睫毛展现！

把半截型假睫毛戴在
眼尾处。只在眼尾处
增加浓密度，从而使
眼尾看起来自然下垂。

9

最后画内眼线使真
假睫毛融为一体

用 E 眼线笔填充上眼睑
的粘膜。尤其是戴了假睫
毛的眼尾一侧请细心处
理，不要让自身的睫毛露
出瑕疵。

D.U.P EYELA SHES
secret line
919 1260 日元 /
D.U.P

假睫毛用这一款！

Point 加强双眼皮线条的 深度！

10

用隐形眼影进一
步加强双眼皮的
深度

用刷子蘸取 A② 刷在
双眼皮眼睑的内侧。
想要看起来呈现出自
然的阴影效果，要领
是不要超出双眼皮贴。

11

加重双眼皮线以
加强效果

用能画出合适浓度的
眼线液 F 描双眼皮贴，
使双眼皮的立体感更
加鲜明。

EYEBROW & NOSE SHADOW

大方自然的黑色眉毛

Point 用晕染技巧 打造有立体感的眉毛

1

眉毛的轮廓选用
灰色眉笔

用 G 眉笔描出眉毛的形状。
眉笔的颜色不要用黑色，色
浅且容易晕染的灰色是首选！

2

眉毛不足部分晕
色非常重要！

描好轮廓之后，填充眉毛
不足的部分。与其说是"涂"
不如说是"补画"的感觉。

3

颜色转换用睫毛膏！

用 C 睫毛膏，只用刷子的
前端轻触眉毛着色。本来
眉毛颜色比较深的人照原
样就 OK 了。

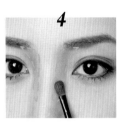

4

画一条让鼻梁看起
来更分明的直线

用 H 眉粉混合全色，从
眉间到鼻梁笔直延伸。
稍微集中于鼻子中央画，
以使鼻子看起来很细。

COLOR CONTACT LENS

追求真实的色泽
和透明感

美瞳用这一款！

secret
candy
magic

Candy Magic
natural brown
／个人私物

选择有透明感的
褐色美瞳

选择边缘不太宽且能展现出
透明感类型的美瞳。

CHEEK

微甜而稳重的表情

以画小圈的方式打
腮红，也可以让人
显得成熟

确认好两颊最高的位置
后，用刷子砰砰地轻打
那个部分，打上 I 腮红。

\ And more! /

复制黑痣、完美
复制妆容

晕出一颗黑痣，打造
真实质感

用 G 灰色眉笔，在右侧眼睛
的瞳孔下方轻轻地点一颗黑
痣。稍微晕染一下弄出真实
的质感。

小泽香织自拍版 ♡

Finish!

"刚开始觉得'眼睛的外眼线跟我或许很相似'，后来
试着挑战了一下，却收到了意外的反响。微微笑一
下，眼睛的感觉就更接近了。我最好的角度呢，比
起正面而言稍微侧一点更好。推荐的 pose 当然是请
～笑～纳（笑）。"

Eyebrow
从灰色到茶色，重视颜色的变化

A FASIO完美双效眉笔01 B 资生堂 INTEGRATE 极细俐落旋转式眉笔 浅褐色 C Dolly Wink眉笔 No.2 巧克力棕 D Dolly Wink 眉笔 No.1 蜂蜜棕 E Ettusais 眉部绘画笔 深褐色 F M·A·C 眉廓定色胶 G KATE 染眉膏 H SUSIE 超完美防水眉彩膏 01 I资生堂 六角眉笔 褐色 J 资生堂 六角眉笔 深褐色 K资生堂 六角眉笔 灰色 L资生堂 INTEGRATE 三色眉粉鼻影盒 BR731

Lip
事实上唇膏也非常受欢迎！

A Peripera 甜美女孩变色唇彩蜡笔 B Candy Doll 滋养型唇疗 C Peripera 极炫唇蜜 D Kiss Scandal Girl

Make tool
假睫毛的胶水推荐黑色！

A 睫毛夹（生产商不明）B 拔眉夹（生产商不明）C Diamond Eyelash Fixer 黑色

Foundation
CC 霜和BB 霜的活用

A Dr.Jart + 黑色保湿防晒滋润BB霜 B Dr.Jart + CC保湿精华调色霜 C COSME DECORTE 201号粉饼霜 D COSME DECORTE 301号粉饼霜

Eye shadow
眼影多为常用的棕色系

A VISEE GLAM HUNT EYES G-3 B DODO 魅感炫色眼影 C JILLSTUART crystal eyes 03 D DODO twinkle eyes TE30 E DODO 眼线膏 F The Body Shop Color Crush eye color 110 G L.A. Colors star gays eye shadow palette 74132 H L.A. Colors star gays eye shadow palette 74131 I L.A. Colors star gays eye shadow palette 74133

小泽香织的变身必需品

私有化妆品
一举大公开！

借来出现在摄影现场的小泽的化妆箱瞻仰了一番。无论什么仿妆都可以用这些化妆品完成。

Mascara

纤维型和梳型睫毛膏两
类都是有必要的!

A LEANANI WHITE LABEL 防
水睫毛膏 long & separate B
LEANANI WHITE LABEL 防水睫
毛膏 super volume C 美宝莲
纽约瞬盈翘密睫毛膏魅感猫
眼版(防水型)D FASIO 智能
卷翘双效睫毛液(纤长)

Cheek

即使是同种颜色浓度
也有所不同, 需要大量准备!

A Candy Doll cheek color duo
rose pink 浅玫瑰红 B Candy Doll
cheek color duo strawberry pink
flamingo C Candy Doll cheek color
duo rose pink D Diamond Beauty
brush sweet peach E Peripera
Mallow Cheek04 F CANMAKE powder
cheek020 G CANMAKE 巧丽腮红
组 016 H Palgantong baked duo
shading

Eyeliner

眼线液 LEANANI 完全
处于压倒性的地位!

A K-palette lasting eyeliner B
LEANANI WHITE LABEL 防水眼线
液 BR C LEANANI WHITE LABEL
防水眼线液 BK D K-palette real
lasting eyeliner E Bobby brown
long wear gel eyeliner F M.A.C
流畅眼线凝霜

Highlight

妙巴黎的蜜粉
在各套仿妆中必定登场!

A 倩碧超凡嫩白遮瑕笔 03 B 妙巴
黎轻蜜粉(02 粉肤色)C Ellefar
鼻影高光粉

Laméliner

步搭配肌肤颜色选择使用,
需要大量准备!

A VALSAREA Pinky stick 眼影 粉
色 B VALSAREA Pinky stick 眼影 金
色 C DODO 眉笔 珍珠白 D ETUDE
HOUSE 伊蒂之屋 泪眼闪闪珠光眼
线液 E CANMAKE 金葱粉 F DODO
Lameliner L33 G DODO Lameliner
L11 H VALSAREA 闪耀眼线液 #3
I VALSAREA 闪耀眼线液 #1

and more...

口罩当然是我演出的必备品

A THE FLAVOR MASK 香
型口罩 B SALONIA hair
iron 卷发棒

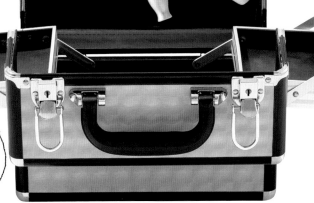

关键是这个小小的
'大叔'护身符♥
这个化妆箱是在菲
律宾的姐姐送的礼
物, 本人非常中意。
护身符不知是谁挂
上去的。

首次公开的新作妆容 备受期待的以下 4 人

Zawachin's Brand new Make-up

01

可爱又性感的

藤井莉娜风

make-up

"藤井莉娜的双眼皮极具特点，而且十分可爱。
双眼皮贴的用法十分重要。
事实上，小泽也是下工夫反复贴了好多遍！
双眼皮贴贴好之后就是细致地描妆了。
一定会大受欢迎的，让你的双眸变得更性感吧♥"

Brand new Make-up *process of* 01

可爱又性感的
藤井莉娜风
化妆技巧

甜美魅惑的双眸，

秘密在于极具特征的双眼皮。

忠实地模仿双眼皮是最需要下工夫的地方！

而且，加强近似于外国人脸部的立体效果，

能大大提高相似度。

>> EYE MAKE-UP PROCESS

似外国人般的立体效果
具有美丽弯度的性感双眼皮

 POINT 1

弧形曲线塑造魅惑效果！
眼头一侧幅度较宽的双眼皮。稍稍慵懒的眯眼演绎出性感魅惑。

POINT 2

垂垂眼的下眼睑是外国人面部的特征
外国人中有很多是垂垂眼，她的特征在于她的卧蚕使整个眼部看起来非常立体！

COLOR CONTACT LENS

ONE DAY ACUVUE
DEFINE VIVID STYLE /
个人私物

使用色

1 打底的基础色要稍稍带有华丽感

眼窝处轻轻扫上一层带有珠光的大地色眼影。颜色太深会显得很花哨，浅浅地上色即可。

VISEE 裸色雕刻眼影 BR-5 1470日元（编辑部调查）/KOSE

2 眼线画出可爱的猫眼风韵

用眼线液沿着眼睛轮廓描画眼线。眼尾的眼线稍稍延长并轻轻上扬。由于是双眼皮所以要将眼线画粗。

防水眼线液 BK 1365 日元 /LEANANI WHITE LABEL

3 着重在下眼线勾画出垂垂眼

从眼尾开始，用浅褐色眼影画线至眼珠下方附近。画的线要渐渐由宽变窄。

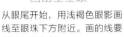
使用色
VISEE 裸色雕刻眼影 BR-5 1470日元（编辑部调查）/KOSE

4 从根部开始增加睫毛的浓密度

用睫毛夹从睫毛的根部开始夹卷。使用易融合的纤维型睫毛膏打底，刷出浓密效果。

FASIO 智能卷翘双效睫毛液（纤长）1260日元/KOSE COSMENIENCE

5 用眼线液轻轻描画眼线

与步骤3所画的线相融合，将下睫毛的间隙填满。眼线笔的颜色过重，使用眼线液最适合。

FASIO 完美双效眉笔（双头眉粉液体眉笔）01 1575日元/KOSE COSMENIENCE

7 假睫毛要与自身的睫毛稍稍错开

眼尾选择浓密的假睫毛，要点是要与眼尾自己的眼睫毛稍稍错开。

素颜睫毛 Natural Lashes 自然裸色系（NL01）1050日元/ANNEX JAPAN 股份公司

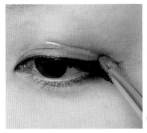

8 用眼影强调双眼皮的阴影

在双眼皮上涂上褐色的眼影。颜色太重会显得双眼皮很窄所以用淡淡的颜色反复涂。

使用色
VISEE 裸色雕刻眼影 BR-5 1470日元（编辑部调查）/KOSE

POINT 1
山形双眼皮的关键 在于双眼皮贴的贴法！

6 从眼头开始以一定角度上扬至最高点后陡然下降！

双眼皮贴从眼头较高的位置开始贴，设定一个最高点。从最高点开始向眼尾描画陡然下降的曲线。

OPEN

CLOSE

\\\\ 双眼皮的形状和线条 ////

曲线的最高点要比眼珠更靠近眼头一侧。为了使眼头的双眼皮更宽要从较高的位置开始贴。

9 让双眼皮更鲜明的技巧

用褐色的眼线液晕染双眼皮贴。注意强调阴影，可以使用双眼皮贴贴出的双眼皮看起来自然。

防水眼线液 1365 日元 BR /LEANANI WHITE LABEL

10 使用自然型仿真假睫毛

要画出垂垂眼，只需在下睫毛的眼尾一侧贴上剪好的假睫毛。为了能更好地与自身的眼睫毛融为一体，选择长度及睫毛材质自然的类型！

假睫毛 超级套装组合 堂吉河德 VP36 轻巧型下睫毛 1260 日 元 /BEAUTY NAILER

11 用纤维型睫毛膏进行修饰

用睫毛膏将步骤 10 中所贴的假睫毛和自身的睫毛刷在一起。推荐使用易融合的纤维型睫毛膏！

FASIO 智能卷翘双效睫毛液（纤长）1260 日元 /KOSE COSMENIENCE

POINT 2 类似于外国人的秘密在于
从眼头到眼尾的卧蚕长度！

12 至眼尾描画平缓的弧形！

用眉笔描画出卧蚕的阴影。从眼头下方开始向眼尾画。有意识地沿着垂垂眼的眼线画曲线。

资生堂 INTEGRATE 极细俐落旋转式眉笔 淡褐色 735 日元（编辑部调查）/ 资生堂

13 使用遮瑕膏处理卧蚕

卧蚕打上遮瑕膏。使用棒状类型，直接用刷子慢慢晕色。

倩碧肌本透白遮瑕膏 06 / 个人私物

14 金色光辉尽显卧蚕魅力

用亮粉眼线液描画卧蚕，画出错落有致的效果。需沿着卧蚕鼓起的部分画。

VALSAREA 闪耀眼线液 1 号 / 个人私物

>> EYE BROW & NOSE SHADOW PROCESS

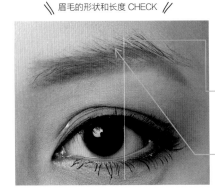

眉毛的形状和长度 CHECK

在瞳孔顶点画出曲线的最高点
正好与双眼皮形成反差，眉峰顶点位置画在瞳孔外侧。

眉峰的内侧画出凹陷部分
眉毛上方的轮廓线在眉峰前部下凹是其特征。用遮瑕膏遮掩修饰眉毛。

1 曲线极具特点的短而浓密的眉毛！
用眉笔有意识地画出具有特点的曲线，勾画出眉毛的轮廓。之后将眉毛不足的部分补足。

Dolly Wink 眉笔 No.1 巧克力褐色 735 日元 /KOJI 总店

2 沿着眉毛曲线改变眉毛颜色
由于是注重曲线的细眉，所以要在不改变形状的情况下沿着曲线小心地改变颜色。其诀窍是使用刷子的前端刷。

超完美防水眉彩膏 01 1365 日元 /SUSIE N.Y.DIVISION

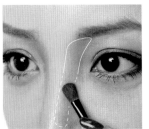

3 重点放在眉头下方
用刷子将 3 色鼻影混合在一起，在眉头下方着重刷。

资生堂 INTEGRATE 三色眉粉鼻影盒 BR731 1260 日元（编辑部调查）/资生堂

4 打上高光让鼻子显得又高又细
高光用笔尖较细的刷子涂，将中央的部分晕上颜色，画出一条线。一直画到鼻尖附近。

妙巴黎轻蜜粉（02 粉肤色）1995 日元 / 妙巴黎

>> AND MORE

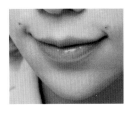

嘴角两侧点上性感的痣
在微笑时上扬的嘴角偏上方，用褐色的眉笔点上点，然后再用褐色的眼线液在中间点上小点儿。

自拍 ver.

"虽然是较为成熟感的妆容，但实际上稍稍的改动就能使整体氛围大变。用边缘明显的美瞳和有束感的假睫毛来稍作改变的话，就会变成外国人的感觉。拍照片时不要遮住那迷人性感的痣哦。"

Zawachin

Brand new
Make-up 02

02
温柔熟女
平子理沙风 make-up

"在模仿某人的妆容时无意间发现，'把这个妆的眉毛改变一下就能变身为平子理沙了！'
虽然眼妆和其他人有些相似，但眉毛是平子理沙的独特之处，
如果成熟女性能喜欢的话我会很开心♥"

温柔熟女

平子理沙风

化妆技巧

有明显双眼皮的可爱垂垂眼和轮廓分明的眉毛。

模仿好这2个特征，就可以展现出女人味和成熟感。

自然的假睫毛和美瞳，是打造质感效果的要点。

平子理沙风的眼睛是怎样的?

粗眉及有漂亮睫毛的成熟垂垂眼

 POINT 1

用假睫毛贴出
垂垂眼

下眼睑不画眼线，
用假睫毛贴出垂
垂眼。

POINT 2

长而粗的眉毛
是关键

画出具有成熟感的
粗眉，关键在于眉
形粗且颜色搭配不
死板。

COLOR CONTACT LENS

COLOR CONTACT
LENS SECRET THE
COCOMAGIC 超自然小
黑环美瞳 / 个人私物

>> EYE MAKE-UP PROCESS

1 基础眼影选择有提升
效果的橙色系

用刷子在整个眼
窝刷上眼影。选
择提升感强、色
彩明快的橙色系
的茶色。

使用色

Dodo 魅感炫色
眼影 / 个人私物

2 有意识地画出自然
的垂垂眼眼线

用黑色的眼线液勾
画上眼线。沿着眼
睛轮廓，将眼尾眼
线末端微微上提。

防水眼线液 BK
1365 日元
/LEANANI
WHITE LABEL

3 眼尾画眼影营造出睫毛
阴影的效果

下眼睑画上眼影。
与画眼线相比更像
是在给下睫毛打底，
所以要选择与肤色
相近的棕色。

使用色

VISEE 裸色雕刻眼
影 BR-5 1470 日元
(编辑部调查) /
KOSE

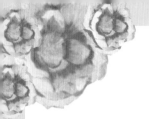

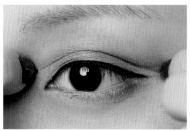

O P E N

C L O S E

4 轻熟女人风的关键在于
幅度宽的双眼皮

双眼皮贴从眼头的较高位置开始贴，有意识
地将双眼皮的幅度扩大，眼尾一侧也贴上同
样宽度的双眼皮贴。

双眼皮的弧度要平缓，
双眼皮线不要有角度，
以水平的弧形贴出漂
亮的双眼皮。

5 重点提升眼尾一侧
睫毛的浓密度

用睫毛夹从睫毛根部到睫毛尾部
夹 3 次。用纤维型的睫毛膏将睫
毛整体刷过后，再一次刷眼尾处
的睫毛。

FASIO 智能卷
翘双效睫毛液
（纤长）1260
日元 / KOSE
COSMENIENCE

6 调整定型的假睫毛

选用有束感、尖端笔直的假睫毛。
眼尾一侧的假睫毛从根部稍稍向
外侧贴出一些，用手指将睫毛朝
上摁压。

Luminous Change
纯真系列假睫毛
LB07 1155 日元
/B・N

POINT 1

用假睫毛
打造有束感的下睫毛

7 如何与自身睫毛相
结合是关键！

下睫毛选用材质自然的假睫毛，
毛较短的部分剪成 3 段使用。选
择透明梗假睫毛。

假睫毛超级套装
组合 堂吉诃德
VP36 轻巧型下睫毛
1260 日元 /BEAUTY

8 用纤维型睫毛膏整体
调节

用纤维型睫毛膏将下睫毛充分地刷
一遍，然后用刷子竖着刷出束感。

FASIO 智能卷翘双效
睫毛液（纤长）1260
日元 /KOSE
COSMENIENCE

使用色

9 用珠光褐色眼影补
充华丽感！

只在双眼皮处刷上褐色的眼影。
推荐使用不仅能制造阴影，还能
打造出质感效果的金色系。

VISEE 裸色雕刻
眼影 BR-5 1470
日元（编辑部调
查）/KOSE

>> EYEBROW PROCESS

POINT 2

画出蓬松感的粗眉

1 眉毛用眉粉画出轻柔效果!

不要用眉笔勾出轮廓，用眉粉画眉。眉毛黑的人用染眉膏使颜色更鲜明。

资生堂 INTEGRATE 三色眉粉鼻影盒 BR731 1260 日元（编辑部调查）/资生堂

使用色

‖ CHECK 眉毛的形状和长度 ‖

把眉峰画在眼尾附近

曲线要画得平缓，即使粗而上扬的眉毛也不会显得太过严厉。

粗细程度要保持一致

眉头到眉梢的粗细程度要大概一致。只在上方的线画出眉峰即可。

2 薄薄的鼻影尽显质感

混合眉粉的 3 种颜色，从眉头刷到鼻尖。稍上色即可。

资生堂 INTEGRATE 三色眉粉鼻影盒 BR731 1260 日元（编辑部调查）/资生堂

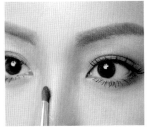

3 纤细的高光展现绝妙的张弛感

用刷头较细的刷子，将高光粉从眉间的小三角区域自然地向鼻尖画线。

妙巴黎轻蜜粉（02 粉肤色）1995 日元 / 妙巴黎

>> AND MORE

打造成熟感的制胜关键在于点上泪痣

用褐色的眼线液轻轻画上点。位置在左眼珠的下方，两颊较高位置的上方。

防水眼线液 BR 1365 日元 /LEANANI WHITE LABEL

Finish!

自拍 ver.

"这个妆的重点果然还是眉毛。

形状的再现十分重要，其轻薄的感觉也很关键。

如果想要追求更加完美的质感，

眉毛太黑的人可以用染色剂，

或是将眉毛剃掉都是很好的方法。

从稍稍靠下的位置拍照，会增加温柔的氛围哦。"

03
摇滚范十足的
加藤米莉亚风
make-up

"加藤米莉亚的妆容真的很时尚呢！个性十足的装饰会起一定的作用，只要抓住那些要点就能营造出良好的氛围，应该是一套比想象中更容易模仿的妆容。希望打扮成摇滚风的时尚达人一定要试试。"

摇滚范十足的

加藤米莉亚风

化妆技巧

首先要模仿好眼睛的形状，

她本人的妆容也有很多要点，

假睫毛等必需品的选择十分重要。

与其他的妆容相比，眉毛的形状是十分重要的！

加藤米莉亚风的眼睛是怎样的？

大胆的短眉毛及泫然欲泣的垂垂眼

POINT 1

POINT 2

COLOR CONTACT LENS

COLOR CONTACT LENS
AngelColor WorldGray（2
枚装）4980 日元 /T-Garden

下睫毛是妆容
的灵魂！

用有束感的假睫
毛和眼影强调垂
垂眼、凸显个性！

成为标志的
米莉亚眉

可以说自以前开始
她的妆容特点就在
于此！像未画完似
得短眉给人以深刻
印象。

>> EYE MAKE-UP PROCESS

1 用眼影画出眼睛微肿的感觉

覆盖眼窝整体甚至更大的范围内
画上眼影。偏红色系的褐色眼影
能让眼睛显得微肿。

使用色
VISEE 裸色雕刻眼
影 BR-5 1470 日
元（编辑部调查）
/KOSE

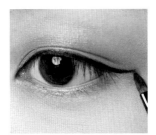

2 用眼线胶画出晕染的眼线

用褐色的眼线胶画眼线，制造出
自然的模糊感。眼尾的曲线要适
当延伸。

M·A·C 眼线胶
/个人私物

POINT 1

泫然欲泣的眼睛用
眼影、眼线、假睫毛来打造

3 卧蚕处画上褐色的眼影

将卧蚕整体打上褐色眼影。有意识地画出垂垂眼的感觉，由眼尾向眼头方向画，宽度越来越窄。

VISEE 裸色雕刻眼影 BR-5 1470 日元（编辑部调查）/KOSE

4 用眼影画眼线

要画出浓且有提升感的眼睛，下眼线最好用眼影来画。在步骤3的基础上涂上深褐色眼影。

使用色
VISEE 裸色雕刻眼影 BR-5 1470 日元（编辑部调查）/KOSE

5 有重点的使用假睫毛装饰眼睛！

下假睫毛选择眼尾、瞳孔下方、眼头3处分开的类型。眼睛宽度较窄的人将假睫毛剪开分别使用。

Diamond Lash 浓密系列 电眼款 1050 日元 /SHOBI（株）

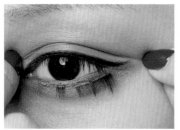

6

画出弧度漂亮、幅度宽的双眼皮！

双眼皮幅度要保持平行，贴双眼皮贴时注意弧度须平缓。要使双眼皮幅度宽一些，可提高双眼皮贴的高度。

双眼皮的形状和线条 **CHECK**

O P E N   C L O S E

眼皮的幅度要宽，双眼皮贴要从眼头较高的位置开始贴，贴出流畅的弧形。

7 夹眼睫毛前贴上假睫毛

要画出泫然欲泣的重眼皮，切忌夹卷自己的睫毛。要将较浓密的假睫毛平平的戴上。

银座化妆品研究中心 爱美津族 小森纯超自然黑假睫毛 NO.103 1260 日元 /DAY SERIES

8 画内眼线加强重眼皮效果！

上眼睑微微抬起，用黑色的眼线笔涂抹眼头到眼尾的粘膜。要让下眼睑有提升感则不能涂抹。

防水长效眼线笔 01 525 日元 /K-Palette(CUORE)

9 反复涂抹眼影加强双眼皮效果

在双眼皮的内侧涂上颜色稍重的褐色眼影。若涂得太浓会使双眼皮的幅度显小，因此稍稍打出阴影即可。

使用色
VISEE 裸色雕刻眼影 BR-5 1470 日元（编辑部调查）/KOSE

>> EYEBROW & NOSE SHADOW PROCESS

POINT 2　用眉笔勾画出有存在感的极细短眉

1 用遮瑕膏画出基础的麻吕眉

眉毛上下及眉梢一侧的眉毛涂上遮瑕膏，画出短且细的眉毛。小泽的风格是尽可能不剃眉毛。

倩碧 瞬间无痕遮瑕膏 / 个人私物

眉毛的形状和长度 CHECK

2 从眉头开始细画！眉峰要尽量向内缩

用明亮色调的眉笔画眉眉。一边画眉一边描出眉毛的形状。注意眉峰的位置！

带角度的细而陡的眉峰

眉峰要棱角分明，没有弧度。从眉峰到眉梢的线要保持粗细均匀。

眉毛的长度要比眼睛短！

眉峰的位置设定到瞳孔的外侧附近。眉梢要比眼线长度短。

2 黑色要足，使眉毛更自然

只在眉头附近用眼妆用的黑色睫毛膏轻轻上色。原本眉毛颜色深的人保持自然即可。

FASIO 智能卷翘双效睫毛液（纤长）1260日元 /KOSE COSMENIENCE

3 眉头下方的鼻影要加重

将 3 种颜色鼻影混合，以做出为难表情时以凹下去的眉下部分为中心开始涂抹。然后向鼻梁方向延伸。

资生堂 INTEGRATE 三色眉粉鼻影盒 BR731 1260 日元（编辑部调查）/ 资生堂

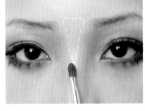

4 用高光打亮眉间与鼻骨

用刷头较细的刷子蘸取高光粉沿鼻子中央的鼻梁画线。眉间也细细的画上一些。

妙巴黎轻蜜粉（02 粉肤色）1995 日元 / 妙巴黎

Finish!

自拍 ver.

"本次模仿有众多的新发现！

像小泽这样脸稍长的人，

使眼睛向下变大的妆容会很协调，

而且出乎意料的是与这种下睫毛还很般配呢。

眼影的颜色也是要点，

拍照片时要把它拍出来！"

Zawachin's Brand new Make-up

04

眉毛英气十足的英式女孩

卡拉·迪瓦伊风

make-up

make-up

"说起卡拉，一定要说说她那像男生一样的眉毛呢！对仿妆来说眉毛的相似度决定了完成度。本次仿妆要改变眉毛的颜色、形状、甚至是位置。完全变成另一个人的感觉！"

眉型独特有个性的英式女孩

卡拉·迪瓦伊风

化妆技巧

外国人的骨骼结构和日本人完全不同。

其中，眉毛和眼睛的距离很近是最大的差异。

完成眉毛的步骤后再一次调整眼睛周围妆容的平衡感，

就能完全变身为英国女孩啦！

>> EYE MAKE-UP PROCESS

卡拉风的眼睛是怎样的？

独具特征的粗眉和眼神
凌厉且眼角细长的眼睛

POINT 1

眼影框住整个眼睛

其他的仿妆是在下眼睑的一部分涂上眼影，此妆给下眼睑整体涂上眼影打造立体感。

POINT 2

眉毛和眼睛的距离拉近

和日本人有很大不同，卡拉的眉眼特征要点是眼睛和眉毛距离很近。

POINT 3

只用眼线画不出立体感强的吊梢眼

眼线和假睫毛只能在一定程度上画出的吊梢眼。可反复刷眼影打造出凹凸有致的立体感。

COLOR CONTACT LENS

COLOR CONTACT LENS 公主彩色美瞳
银光灰 / 个人私物

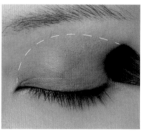

 1 打底的眼影要注重宽度

用刷子给眼睑打上无光泽度的褐色眼影。覆盖整个眼窝，延伸到眉毛的偏下方。

使用色

L.A.COLORS 16色眼影盘 74133 698
日元 / 日本 RUNWEL

2 眼线上扬的角度不要太大

用黑色的眼线胶沿着眼睛轮廓描画眼线。注意角度不要画得太大。

Bobbi Brown 流云眼线胶 / 个人私物

3 睫毛的卷翘程度比浓密度更重要

用睫毛夹从睫毛的根部用力夹，使其卷翘。然后用纤维型睫毛膏轻轻刷几下。

FASIO 智能卷翘双效睫毛液（纤长）1260 日元 /KOSE COSMENIENCE

4 卧蚕的打底眼影要注意涂抹均匀

用刷子从眼头到眼尾给卧蚕整体刷上与肌肤颜色相近的褐色眼影。为了有真实的立体感，褐色要涂抹均匀。

使用色
VISEE 裸色雕刻眼影 BR-5 1470 日元（编辑部调查）/KOSE

5 尽量画出横纵向幅度都较宽的外国人式双眼皮

要做出幅度较宽的双眼皮。双眼皮贴要从离眼睛较远的高点开始贴。贴出明显的双眼皮。

双眼皮的形状和线条 CHECK

OPEN

CLOSE

最好上下宽度平均

双眼皮的幅度要均一，贴出几乎没有起伏的平缓的线条。

POINT 1

外国人风格的轮廓用眼影层次来营造！

6 交叠的灰色眼影再现更自然的阴影！

在步骤 4 中所用的褐色眼影中加入少量的深灰色眼影，涂在比步骤 4 所画范围小一圈的区域内。

使用色
L.A.COLORS 16 色眼影盘 74133 698 日元 / 日本 RUNWEL

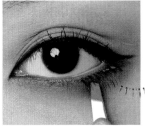

7 眼尾部分集中贴上假睫毛！

下方假睫毛选择有束感、长度自然的假睫毛。以眼尾到瞳孔附近的长度为标准修剪后贴上。

Vanilla Birthday 假睫毛 No.4 马卡龙睫毛（下假睫毛）1050 日元 /

6 纤维型睫毛膏增加睫毛的长度

避开贴着假睫毛的眼尾部分，给下睫毛涂上纤维型睫毛膏。用刷子竖着刷出束感。

FASIO 智能卷翘双效睫毛液（纤长）1260日元/KOSE COSMENIENCE

9 内眼线让眼睛更紧致

上眼睑轻轻抬起，用黑色眼线笔将粘膜涂满。无需涂抹下眼睑。

防水长效眼线笔 01 525日元/K-Palette (CUORE)

10 用假睫毛拉长眼睛的宽度

想要拉长眼睛的宽度，在眼尾贴上浓密感强的假睫毛。本次选择自然交错型假睫毛。

Dolly Wink 假睫毛 No.10 性感猫眼 1260日元 T-Garden

>> EYE BROW PROCESS

POINT 2 **令人印象深刻的黑眉 粗度和高度是关键！**

1 画好眉毛下方的轮廓线

用灰色的眉笔画出作为基底的轮廓。首先从下轮廓线的眉间一侧开始，一边注意两个眼睛的平衡，一边一条一条地画线。

AUBE couture Designing 眉笔 GY803/个人私物

眉毛的形状和长度 CHECK

拉近眼睛和眉毛的距离

眼头一侧眼睛和眉毛的距离大概 7mm，眼尾一侧眼睛和眉毛的距离大概 1cm 左右。

眉毛要长过眼睛

眉毛要长过眼睛的宽度，在眉头和眉梢延长画线。

2 用纤维型睫毛膏让粗眉变得乌黑

用纤维型睫毛膏刷眉毛。原本眉毛颜色浅的人需加深颜色，眉毛颜色深的人按发色进行调整。

FASIO 智能卷翘双效睫毛液（纤长）1260日元 /KOSE COSMENIENCE

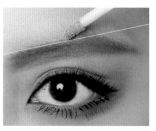

3 用遮瑕膏调整眉毛的形状

眉毛形状确定好后，将多余的眉毛向下晕染，用遮瑕膏进行修饰。

倩碧 即时抚痕遮瑕膏/个人私物

>> EYE MAKE-UP & NOSE SHADOW PROCESS

POINT 3

为了看起来更像外国人脸，**将眼睛周围的眼妆进行最终调整。**

1 令眉毛看起来真实的要点在于眉毛下方的眼影！

混合 3 种颜色的眉粉，在画好的眉头到眉梢部分打上自然的阴影。

资生堂 INTEGRATE 三色眉粉鼻影盒 BR731 1260 日元（编辑部调查）/资生堂

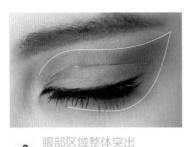

2 眼部区域整体突出强调深邃感

从眼窝向眉梢自然地刷上眉粉。为了营造出真实的立体感，反复刷眼尾部分加深颜色。

3 在精准位置上打上高光

眼头打上不泛白的米色高光。采用这个小技巧可以进一步加强立体感。

VISEE 裸色雕刻眼影 BR-5 1470 日元（编辑部调查）/KOSE

4 鼻影要比平时的妆容更浓

从眉毛开始沿着鼻子侧面画上鼻影。从眉头下方开始直线画，画得宽一些。

5 打上较强的高光使脸部轮廓分明

自眉间到鼻梁上打上高光。特别是眉间三角区域内多涂一些，增加高度感。

妙巴黎轻蜜粉（02 粉肤色）1995 日元 / 妙巴黎

Finish!

自拍 ver.

"实际上，本次仿妆中对美瞳的型号也是有所要求的。

要有如外国人般的真实眼眸，

反而要选择型号较小的美瞳。

小泽觉得大小在 14mm 以下的美瞳就很合适。

这个妆容完成后，还请大家务必试一试。

自拍时一定要做出卡拉最擅长的斜视眼神哦！"

Korean

迷恋

I HAVE BEEN
TO KOREA

韩国 超~喜欢 ♥

和朋友一起去韩国旅行时，换上了韩式妆容和穿着打扮出门被人用韩语搭话了呢。而且！还有韩国的男生前来搭讪哦！！不管怎么说真的很开心♥

Korean Beauty

01

小泽中意妆容 No.1！

美人妆

Let's study
Korean Beauty!

CONTENTS

重点一探究竟

从小泽私藏的化妆道具，到推荐的基础保养品全公开。还有 KARA 女团的仿妆。内容精彩，不可错过！

超流行 ♡
向大家传授变成美人的秘诀

要成为更完美的美人，只是单纯进行化妆模仿是不行的！小泽每日研究的心得和究竟什么才是"美人妆"呢？这里将进行详尽地剖析并传授给大家

小泽范儿
传授给大家小泽范的美人妆！

学习心得之后一定要进行实践哦！明明画了妆，却看起来如此自然，能把眼睛放大 1.5 倍的鬼斧神工的特殊化妆法！

最中意的

Beauty

韩国美妆 ♥

现在，小泽从基础化妆品到化妆法，都热衷于韩国美容！
在众多拿手好戏中，以现在最中意的"美人妆"为代表，
小泽会告诉大家很多成为热点话题的韩国美妆信息。
某个超人气组合的仿妆也完全收录哦！

Korean Beauty
02

沉迷于美肌大国的护肤品 ♥
韩国化妆品

街上的人气商品是哪些？

曾一段时间引发大热潮的BB霜，现如今在日本它早已超越流行热潮，成为固定的必需品。这里将会总结挑选出初学者的必需品乃至长期畅销的商品。

拥有滑溜溜美肤的小泽推荐的珍品是？

这时的嘴唇呢？

小泽的光滑水润肌肤即使持续录影也没有问题。从滋养其水润肌肤的护肤化妆品，到在博客上人气妆容所使用的商品，接下来会介绍小泽推荐的韩国化妆品。

Korean Beauty
03

完全变成那5名成员！
KARA风仿妆

成功模仿一直想模仿的5名成员！首次公开！

小泽一直以来的"要变成那五人"的愿望终于得以实现！将会比在博客中介绍并成为热议话题的具荷拉仿妆介绍得更加详细，并公开五位成员各具特征的妆容。

有一张娃娃脸的成员

拥有超大眼瞳的成员

在 Twitter 上成为热点话题的妆容！

彻底剖析
韩国美人妆

在韩国自不必说，"美人妆"当下在日本也成为热议话题。

什么是美人妆？怎样才能画出美人妆？

仿妆达人小泽彻底剖析，告诉大家美人颜的秘密！

What's Uzzang Make-up?

"美人妆"
究竟是什么？

在韩语中的意思是"极致可爱"的韩系妆容

"美人妆"在韩语中是"脸"和"最美的"合成语，是指美女和帅哥的词语。在韩国，将有人气的美女所化妆容叫做美人妆。其特征是，自然水汪汪的宽度、长的眼睛和粗眉。

韩国的 美人妆热潮！

有代表性的美人妆？

一般而言，将有人气的博主和有名的模特们称为"美人"。其中，掀起美人妆热潮的是道晖芝。另外小泽首推的是韩雅松。请大家一定去看看她的微博哦！

男生也有美人妆！

"美人"不仅是指长相可爱的女孩子，还指帅哥。男生的话是将"男生"和"帅哥"合在一起称之为"美男子"，有人气的美男子妆也有很多。

小泽研究出的！
美人妆的奥秘‼

K-POP 流行以来，开始对韩国感兴趣，但是自从知道美人妆后就沉迷于美人妆的可爱。"想要画出美人妆的愿望"成为契机，不断地进行研究。最希望的事情是"在日本说起美人妆就能想起小泽"！

01 下足工夫的低调妆容！

韩国对可爱女孩的定义是"自然感"。有人气的美人妆容虽然看起来很淡，但实际上在卧蚕处也会打上眼影进行强调。并不是真正的妆容很淡，浓而不花哨才是重要的技巧。

02 雪白的肌肤，乌黑的秀发和瞳色

和妆容相配合，头发也需要自然！柔顺清爽有光泽，最好是黑发！顺便说一下小泽最中意的美人发型是，像蓬松团子的"丸子头"。再配上像小狗般的大眼瞳眼睛。在韩国，美瞳十分有人气，深色的大型号比较受欢迎。

03 闭上嘴巴露出尖下巴

美人妆的特征之一是好看的轮廓和尖下巴，自拍时，稍稍从上方拍摄能拍出更好的效果。所以做笑脸时不要大笑。闭上嘴微笑才是美人 Smile。

04 摆 pose 一定要强调"可爱度"

在韩国可爱的偶像很多，美人们在拍照时也要拍出十足的萌态。推荐拿毛绒玩具等一起拍照。小泽在拍美人妆照片时会摆出可爱的 pose，然后再加上萌萌的贴图！

小泽范儿

美人妆
的 终极画法

最重要 Point!

和日本的大眼妆化妆方式不同！

重视自然感觉的美人妆，不需要太多的修饰。重点在于睫毛和下眼睑的眼线。
把握好较为显眼的地方，在不明显的地方好好修饰才是美人妆的要点哦☆

在韩国素颜美人很受欢迎。想要可爱大变身但不能被看出妆太浓是难点。但是，只要牢记细节就一定没问题！将眼睛放大数倍但是看起来是淡妆，所以从白领女性到学生，都推荐此妆哦♥

♥ 有 了 这 些 就 能 画 出 美 人 妆 ！♥

必需品

A
作为画眼线基础线条的褐色眼线胶
M・A・C 流畅眼线胶 / 个人私物

B
能勾画出细线条 & 着色效果好的黑色眼线液
防水眼线液 BK 1365 日元 /LEANANI WHITE LABEL

C
美肤必备的高光选择遮瑕的冷色
妙巴黎轻蜜粉（02 粉肤色）1995 日元 / 妙巴黎

D
大型号带边框的美瞳放大眼瞳！
POPLENS LOVERING 褐色大型号 / 个人私物

E
VISEE 裸色雕刻眼影 BR-5 1470 日元（编辑部调查）/KOSE

F
L.A.COLORS 16 色眼影盘 74133 698 日元 / 日本 RUNWEL

使用色

G
FASIO 智能卷翘双效睫毛液（纤长）1260 日元 /KOSE COSMENIENCE

H
资生堂 INTEGRATE 眉笔 淡褐色 735 日元（编辑部调查）/ 资生堂

I
VALSAREA 闪耀眼线液 1 号 / 个人私物

J
Dolly Wink 眉笔 No.1 巧克力褐色 735 日元 /KOJI 总店

K
FASIO 完美双效眉笔（双头眉粉液体眉笔）01 1575 日元 /KOSE COSMENIENCE

L
仿真持久型眉笔 24h 1260 日元 /K-Palette（COVER）

M
CANMAKE 金葱粉 02 680 日元 /IDA Laboratories

N
资生堂 INTEGRATE 眉笔 & 鼻影 BR731 1260 日元（编辑部调查）/ 资生堂

O
CANMAKE Powder Checks 020 550 日元 /IDA Laboratories

ZAWACHIN'S　ULZZANG　MAKE-UP

Let's
become
Ulzzang!

1. Eye Make-up

教你画出能
大到夸张的
超大双眸!

不仅要达到将眼睛放大数倍的效果,更重要的是看起来要自然。有技巧地勾画眼线,尽情地放大你的双眸吧!

1 打底的颜色选择与肌肤颜色相近的褐色

将眼窝涂上一层 E❶眉粉。要点是颜色不要太深,要保持自然。上若有似无的颜色即可。

·······POINT

画出垂垂眼长眼线

因为要尽可能地放大眼睛,因此切勿将眼线画到眼睛轮廓之外上扬。

2 基础眼线将眼尾整体拉伸

用 A 眼线笔勾出基础眼线。尽可能往下画但不要超出眼睛下方。关键点是将眼线沿着眼睛轮廓延伸。

4 下眼线的晕染效果是关键

用 F 灰色眼影将下眼角到上眼睑的眼线末梢未补足的地方填满。要注意尽量使眼睛轮廓自然。

3 用眼线液细致描绘眼眶

用 B 眼线液,在步骤 2 所画的线上描画眼线,但要画在基础眼线内侧。

 长度
check

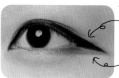

如何使眼睛的轮廓自然?
不要使眼睛与眼线之间留有空隙,一定要将其填满。

下眼线只画眼尾部分。
如果都化妆看起来会很浓所以只画眼角的部分。

5 睫毛膏仅用于上睫毛

将上睫毛用睫毛夹夹卷。然后涂上纤维型睫毛膏,将中间的部分涂上即可。

6 轻薄纤细的卧蚕看起来更真实!

用 H 眉笔描出卧蚕的阴影。长度从眼头画到眼尾附近。若画得过长就会显得不自然了。

7 卧蚕整体要打上高光

用 C 卧蚕笔仔细描画卧蚕,下眼睑处眼线和睫毛膏不足的部分用高光填满。

8 亮粉眼线液,让眼睛变得"水灵灵"

沿着下睫毛用 I 卧蚕眼线笔勾线,与其说是将睫毛的间隙充分填满,倒不如说是细细勾画眼线的感觉。

9 上眼睑画内眼线使眼睛更有神、自然

微微抬起上眼睑,用 L 眼线笔从粘膜处填满。一直画到眼尾处,与上眼线自然连接到一起。

画出超大双眸的
2 个要点!

①双眼皮贴
贴出宽度较长的双眼皮

形状
check

②用眼线修饰双眼皮线!

10 贴出与眼线长度相同的双眼皮长度

双眼皮贴沿着宽度较长的垂直眼的眼线贴。与眼线保持平行,尽可能延长。

接着画出近似于平行线的曲线。双眼皮的幅度不要太宽。

11 为延伸双眼皮线打底!

在双眼皮内侧涂上 E② 颜色稍重的褐色眼影,再用 J 眉笔描画双眼皮贴形成的线。

12 画出新的清晰分明的双眼皮线!

用 K 眼线液描画双眼皮贴所贴出的双眼皮的末端。怎样能画出与眼线平行的双眼皮线是达到自然效果的关键。

13 用珠光粉最大限度强调瞳孔的存在感

贴好双眼皮后,给下眼睑涂上 M 珠光粉。在瞳孔下方要稍加强调。

14 用睫毛膏刷下睫毛,比起浓密度更重视睫毛的长度

用 G 纤维型睫毛膏,纵向移动刷子刷睫毛以达到增长效果。注意不要刷束感。

15 用美瞳打造纯黑的大眼瞳!

戴上 D 美瞳! 选择边缘色彩自然且型号比瞳孔大小大一号的美瞳。

2. *Eye Brow* 眉毛要**长**、**直**、**粗**!

基本上没有弧度,英气十足的眉毛是美人颜的特征之一。
要和大眼睛相协调,长度够长是关键。

1 眉形尽可能加长与眼睛相协调!

用 J 眉笔勾画眉毛轮廓。长度稍稍长于眼线以保持协调。画出平缓的曲线。

2 选择可以调节浓度的眉粉

用 N 眉粉将轮廓中间填满。从眉头向眼尾像描眉那样移动刷子,眉梢会自然晕染。

长度和形状 check!

观察从原有眉毛大幅延伸出来的部分,要注意确认两条眉毛是否对称。

3 鼻影 只涂眉间的部分!

用 N 眉粉调整颜色,不要太浓,只涂眉间即可。否则妆会看起来比较浓。

3. *Cheek* 腮红要**轻薄**,高光要**细致**!

要使妆容看起来不厚重,细致的修饰技巧很重要。
对肌肤有高要求的美人妆,其特有的高光用法值得关注。

1 脸颊整体涂上轻薄的淡粉色腮红

刷子蘸取 O 腮红,为了能薄薄的上色,先用手背轻拂后在脸颊处整体以打圈方式涂抹。只稍微着色即可。

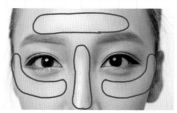

2 整体打上高光! 打造光泽亮丽的肌肤

在额头、鼻梁、两颊较高的位置打上 C 高光粉。使用粗刷子刷出蜜粉的效果。

KOREAN COSMETICS

\\ 小泽喜爱的美妆圣品 //

韩国话题美妆品 ♥

真不愧是美肌大国，韩国人都是肌肤白净，光泽润滑呢！
在这向大家介绍，搭上风潮成为话题后，人气居高不下的热销品，
以及让人想尝试的话题美妆品和小泽的推荐品。

◄BB cream ♥BB霜

BB 霜可以说是韩国化妆品的代名词。将美容液、防晒乳、隔离霜、粉底合为一体，具有超高遮掩效果的魅力商品。

a 防紫外线效果好，MISSHA 谜尚的长期畅销商品。BB 霜 紫外线防护 2500 日元 /MISSHA JAPAN b 让肌肤吹弹可破，肤如凝脂。完美全效 BB 霜 (R) 2800 日元 /MISSHA JAPAN c 遮瑕力度强。只需 1 支就能外出的基底霜。LB Mineral Moist 柔皙遮瑕隔离乳 945 日元 /I.K. 股份公司 d 亲肤遮瑕效果好。ETUDE HOUSE 矿物丝柔亲肤BB 霜 1500 日元 /Amore Pacific Japan 股份公司

CC cream ♥CC霜 ►

超越 BB 霜的人气商品 CC 霜。不论是哪个牌子都比 BB 霜更加护肤，上色浅，是自然妆容的首选。

a 能够迅速调整让肌肤水润光泽。CC 霜 1800 日元 /Amore Pacific Japan 股份公司 b&c 轻薄且附着效果好。包装也非常可爱。SKINFOOD 思亲肤 补水护肤CC 霜 Smile(b) Balgre(c) 都为 2280 日元 /SKINFOOD d 肌肤护理效果很好，美容粉底液。NATURE REPUBLIC 着色 CC 霜 2280 日元 /NATURE REPUBLIC JAPAN e 使用起来非常水润。LB Mineral Moise CC 霜 1260 日元 /I.K. 股份公司

◄SHEET MASK ♥面膜

韩国面膜既便宜又有效。小泽推荐在化妆前使用。粉底霜的吸收效果会有很大不同!

a 亲肤且附着效果好。SKINFOOD 伊蒂之屋 Moistfull Mask Sheet 胶原保湿弹力片装面膜 250 日元 /Amore Pacific Japan 股份公司 b 不论是韩国还是日本都超有人气。Aqua Solution Marine Hydro Gel Mask SP(1枚)保湿补水果冻胶面膜 375 日元 /NATURE REPUBLIC c&d 绿茶成分紧致毛孔,含紫珠延缓衰老。SKINFOOD 思亲肤 绿茶干细胞面膜 (c), Beautyberry 紫珠面膜 (d) cd 各 315 日元 /SKINFOOD e 含有丰富的蜂王浆。ETUDE HOUSE 伊蒂之屋 I Need You RJ Mask Sheet 天然精华面膜 150 日元 /Amore Pacific Japan 股份公司

♥ 水洗面膜
◄WASH OFF PACK

和以高保湿效果为主要功效的面膜不同,水洗面膜的主要功能是收缩毛孔和美白效果。韩国女性会定期使用这种面膜。

a 强效紧致毛孔! SKINFOOD 思亲肤 Black Sugar Mask Wash Off 黑糖去角质水洗面膜 b 带粒子的质地使用起来很舒服。SKINFOOD 思亲肤 Rice Mask Wash Off 大米活肤水洗面膜 c 去角质效果好。SKINFOOD 思亲肤 Black Sugar Strawberry Mask Wash Off 黑糖草莓焕彩水洗面膜

♥ 粉凝霜
RAW FOUNDATION ►

纯粉底在韩国化妆品中慢慢积攒起人气。虽然它像鲜奶油般结构松软,但是它能像散粉那样容易上妆。

a 触感轻柔,就像鲜奶油。妆不易花且保湿效果超赞。BB 霜 1880 日元 b 有不像是粉末的紧实感。直接上妆最适合的珍品! 散粉 1580 日元 /ab 皆为 NATURE REPUBLIC 产品

ZAWACHIN'S FAVORITE!

从基础化妆品到化妆必备品,向大家介绍小泽经常使用的韩国化妆品! 想拥有美肌的亲们必读!

营养液超足! 在日本也能买到的面膜

"在日本也有 MISSHA 谜尚店,所以最好将要买的商品一起买。虽然也经常使用面霜,但也会常常用到它" MISSHA 谜尚 Super Aqua SN 细胞新生蜗牛面膜 /个人私物

画美人妆的唇就用它!

"画美人妆时只需稍微涂抹嘴唇即可。包装也超可爱" Peripera Peris tint crayon 贝利贝拉蜡笔唇膏 /个人私物

外表超可爱♥ 美白必需品!

"在画自己喜欢的美人妆前使用,效果真的很棒!" Tonymoly Tomatox Magic Massage Pack 魔法番茄美白按摩面膜 /个人私物

画线必备 Dr.Jart+ !

"这款抗衰老面霜真的超赞! BB 霜也使用这个牌子哦" Dr.Jart+ V7 Vita Laser2.1 去印祛疤祛斑精华 /个人私物

091

Hara

变身成
所有成员！

KARA风
仿妆技巧

"超喜欢 K-POP 的小泽在 K-POP 中最喜欢的是 KARA！
虽然具荷拉的妆容已经在博客里介绍过了，但之后胃口越来越大，
最终将 5 个成员都模仿出来了！每位成员的个性都表现出来了对吧！？"

Nicole♡

Seungyeon♡

Gyuri♡

Jiyoung♡

具荷拉 仿妆
Hara♡

模仿目标具荷拉有着韩国美人的典型双眸，以及与冷艳双眸搭配出绝妙平衡感的粗眉。出人意料的是，提高相似度的关键不在于眼睛，而在于眉毛！粗度、形状以及充分展现冷艳双眸魅力的轻薄感都是关键点。

01. 画出眼神有力眼尾细长型眼睛 ♡

— 使 用 物 品 —

A L.A.COLORS 16色眼影盘 74133 698日元 / 日本 RUNWEL

B 防水眼线液 BK 1365日元 /LEANANI WHITE LABEL

C D.U.P EYESHES MERCUYDUO 05 1260日元 /D-up

D M·A·C 流畅眼线胶 / 个人私物

E 明亮双眸持久卧蚕笔 525日元 /K-Palette(CUORE)

F 资生堂 INTEGRATE 极细俐落旋转式眉笔 淡褐色 735日元（编辑部调查）/ 资生堂

G VALSAREA 闪耀眼线液1号 / 个人私物

H Maybelline New York 浓密纤长多卷防水睫毛膏 / 个人私物

I SENSE mania 自然棕 / 个人私物

START

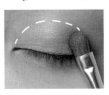

1 底色不阴沉 选择明亮的眼影颜色

在眼窝处涂上A眼影，明亮的底色华丽感十足，最好选择与肌肤颜色相近的橙色系。

2 上眼线要沿着眼睛轮廓画！

用B液体眼线液沿着眼睛轮廓画上眼线。眼尾处的眼线不要上扬，画到不超过下眼线为止。

6 宽度够长的卧蚕让眼睛变得更大

用E眉笔晕染出卧蚕的阴影。眼头和眼尾处稍稍空出一部分，画出平缓的弧线。

7 打上珠光使卧蚕更显魅力！

用F珠光笔在卧蚕处打上高光。从眼头画到超过瞳孔附近。沿着下睫毛的根部画，画得粗一些。

02. 自然的粗浅眉是具荷拉模仿妆的关键！

— 使 用 物 品 —

A 资生堂 INTEGRATE 极细俐落旋转式眉笔 淡褐色 735日元（编辑部调查）/ 资生堂

B 资生堂 INTEGRATE 三色眉粉鼻影盒 BR731 1260日元（编辑部调查）/ 资生堂

C 妙巴黎轻蜜粉（02粉肤色）1995日元 / 妙巴黎

START

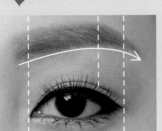

POINT 到眉峰为止画出坚实的粗度！

长度和形状 CHECK

1 从眉峰至眉梢画出平缓的曲线

用A眉笔画出轮廓，将眉毛不足的部分补足。轮廓下方的线基本没有起伏，先画出轮廓下方的线能更好地画出眉毛的形状。多出的部分用遮瑕膏进行修饰。

具荷拉的眼睛从正侧面看起来大且狭长。增加眼睛宽度的眼线画法，以及使眼睛水灵但不强调纵幅的睫毛贴法是关键。

POINT 使纤长浓密的睫毛看起来自然的关键

3

增长睫毛比增加浓度更重要

用睫毛夹只夹睫毛的前端使其变卷。选用♥前端纤细的交错型假睫毛。

POINT 增加眼睛宽度的制胜关键在于下眼线

4

用下眼线增加眼睛的宽度

用♥眼线胶将下眼线的粘膜涂满，并与上眼线连接将眼尾填满。

5 将粘膜涂满，提升眼神力度

轻轻抬起眼皮，用♥眼线笔涂满睫毛的间隙和粘膜。让假睫毛的根部看起来更自然。

8 用睫毛膏刷出下睫毛的束感

为了让下睫毛漂亮而有分离感，选用♥梳齿形睫毛膏。轻梳上睫毛使其与假睫毛融为一体。

9 贴出近似于内双的俏丽双眼皮

双眼皮清晰分明且幅度均一，但具荷拉式妆容的要点是双眼皮的幅度不要太大。从距眼头较近的位置开始贴双眼皮贴。

双眼皮的形状 CHECK

贴出平缓的弧形

贴出一个没有最高点的弧形。双眼皮贴距眼头和眼尾的距离要窄一些。

10 最好选择颜色浅且边缘自然的美瞳

最后带上♥美瞳。选择瞳孔部分无色，轮廓颜色自然的美瞳。大小要比瞳孔稍稍大一些。

虽然短眉比较粗，但是又不过于阳刚、具有女性气息。为了提升温柔感，调整颜色是关键！

2 使用鼻影让鼻子看起来纤细

用刷子将♥眉粉的三色混合，顺着眉头下到鼻侧位置刷上鼻影。有意识地将鼻子中央留出细小的区域。

3 让眼睛绽放光彩！美肤效果也立竿见影

用♥粉底打上高光。用粗刷子在鼻子中央的鼻梁上，以及眼睛下到鬓角处扫上 C 粉底。

小泽自拍 ver.

最爱的具荷拉♥露出额头会很可爱哦！

"在所擅长妆容里最为中意的妆容之一！在这5个人中应该是最容易模仿的一个了。眉毛画好的话，就会特别像哦！"

具有灵韵眼眸的

姜智英 仿妆
Jiyoung ♡

再现出 KARA 团里年纪最小的，有少女般可爱圆眼的姜智英风仿妆。妆画得太浓感觉就会完全不一样，因此怎样保持自然感来增加相似度是关键！

01.圆眼睛展现出少女纯真印象

L.A.COLORS 16色眼影盘 74133 698 日元 / 日本 RUNWEL

使用色

 防水眼线液 BK 1365 日元 /LEANANI WHITE LABEL

 D.U.P EYESHES MERCUYDUO 05 1260 日元 / D-up

资生堂 INTEGRATE 极细俐落旋转式眉笔 淡褐色 735 日元（编辑部调查）/ 资生堂

VALSAREA 闪耀眼线液 1 号 / 个人私物

FASIO 智能卷翘双效睫毛液（纤长）1260 日元 /KOSE COSMENIENCE

防水长效眼线笔 01 525 日元 /K-Palette (CUORE)

VISEE 裸色雕刻眼影 BR-5 1470 日元（编辑部调查）/KOSE
使用色

\\ START //

1 眼妆底色选择华丽色系
在眼窝处用刷子打上Ⓐ眼影。为了迎合活力十足的形象，最好选用明亮的橙色系。

2 眼线从正面看起来要有提升感
用Ⓑ褐色的液体眼线液描画眼睛轮廓。眼尾不要画得太长，从正面看起来要有些许提升感。

POINT **圆弧形卧蚕营造出圆圆眼！**

5 画出弧线使卧蚕更显饱满
用Ⓗ眉笔晕染出卧蚕的阴影。曲线要平缓、圆润。

6 使用亮粉眼线液引人注目！
用Ⓔ白色卧蚕眼线液在卧蚕处打上高光。从眼头画到眼尾，将卧蚕整体上较长的高光线，线条要略粗一些。

7 下睫毛刷出恰到好处的束感
用Ⓕ睫毛膏刷下睫毛。睫毛膏推荐使用不过于浓密，能画出较好束感的梳齿形睫毛膏。

02.眉间距离窄 她的隐藏特征之一！

— 使 用 物 品 —

Dolly Wink 眉笔 No.1 巧克力褐色 735 日元 /KOJI 总店

资生堂 INTEGRATE 眉笔＆鼻影 BR731 1260 日元（编辑部调查）/ 资生堂

妙巴黎轻盈蜜粉（02 粉肤色）1995 日元 / 妙巴黎

\\ START //
POINT **眉间画出距离窄的弧形眉！**

长度和形状 CHECK

1
画出微细的弧形，一边向眉间晕染一边缩小范围！
首先用Ⓐ眉笔画出基础轮廓，眉毛不足的部分用眉笔补足填满。眉间一侧浅浅的晕染是效果自然的关键！多出的部分用遮瑕膏进行修饰。

姜智英妆容的关键点在于，眼线和妆容的自然度。妆看起来不能太浓，把握好平衡感十分重要。

3 强调自然效果，不使用睫毛膏！

用睫毛夹夹卷睫毛中部到睫毛梢的部分。为了让睫毛看起来更真实不要使用睫毛膏。

P O I N T　把握贴假睫毛的绝妙角度，保持少女般的纯真

4 掌握好既不过于卷翘也不过于下垂的角度！

用假睫毛，贴出的效果要求不过分卷翘，睫毛根部与面部垂直。

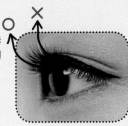

从侧面 CHECK

恰到好处的上扬程度是最佳效果！

贴假睫毛要像画平缓的曲线一般。

8 描画上眼睑的内眼线，使瞳孔更突出

用黑色眼线笔将上眼睑的粘膜与睫毛的间隙涂满。使假睫毛根部更自然，瞳孔更突出。

9 注意眼头的幅度，贴出清晰分明的双眼皮！

双眼皮贴沿着眼睛的轮廓，贴出平缓的曲线。双眼皮幅度整体较窄，但眼尾一侧的幅度应比眼头一侧的幅度稍宽一些。

双眼皮的形状和线条

双眼皮的形状要接近于内双

双眼皮的幅度要均一，只眼尾一侧稍微宽一些。

10 在眼尾用修饰型眼影描绘阴影

从上眼线的眼尾处到接近瞳孔的地方用褐色眼影补足。画出不太明显的垂垂眼，线条要更细。

事实上姜智英的眉形很特别。特别是狭窄的眉间距离与面部整体形象密切相关，将其忠实再现是模仿的要点。

小泽自拍 .ver.

2 用鼻影调整与较窄的眉间距离相协调

将眉粉混合 3 种颜色打上鼻影，画出缩小眉间距离的效果。

3 在鼻梁和眼睛下方打上高光

用高光粉沿着鼻子中央细细的区域打上高光，并在眼睛下方到鬓角的部分进行高光补足，使肌肤看起来光泽亮丽！

简单几步就能变可爱向初学者们强烈推荐哦！

"这是本书介绍的所有妆容里，简单几步就能完成的妆容之一。不管是什么样的面孔应该都会很适合，而且自然变可爱的技巧不管在哪里都能用得到。推荐给不太会化妆的亲们，并推荐作为平时的妆容。"

朴奎利 Gyuri ♡

仿妆

在5人成员中有着出众超群的成熟感和轮廓分明的眉眼。想要画出极富特点的眉眼轮廓，极具个性的眼睛，第一步双眼皮与眉形的画法至关重要！

01. 强调近乎夸张的深邃效果 ♡

— 使 用 物 品 —

♥A L.A.COLORS 16色眼影盘 74133 698日元 / 日本 RUNWEL

♥B 防水眼线液 BK 1365日元 /LEANANI WHITE LABEL

♥C 银座化妆品研究中心 爱美津族 小森 纯超自然黑假睫毛 NO.103 1260日元 /DAY SERIES

♥D 防水长效眼线笔 525日元 / K-Palette(CUORE)

♥E FASIO 智能卷翘双效睫毛液（纤长）1260日元 /KOSE COSMENIENCE

♥F 资生堂 INTEGRATE 极细俐落旋转式眉笔 淡褐色 735日元 /（编辑部调查）/ 资生堂

♥G VALSAREA 闪耀眼线液 1号 / 个人私物

♥H VISEE 裸色雕刻眼影 BR-5 1470日元（编辑部调查）/KOSE

♥I 木下CoCo彩妆品牌 SECRET THE COCOMAGIC 超自然小黑环美瞳 / 个人私物

‖START‖

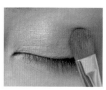

1 打底眼影选择色泽华丽的金色系

用眼影刷将眼窝刷上♥A眼影。选择金色系的眼影让眼窝看起来立体并且成熟。

2 刻意勾画宽幅度的双眼皮粗眼线！

用♥B眼线笔沿着眼睛轮廓描出粗眼线。画眼尾时不要向上扬，而是沿着眼睛轮廓自然延伸。

6 纤细的卧蚕给人以冷酷的感觉

用♥D眉笔描出卧蚕的阴影。画出的线不要弯曲。与眼睛的轮廓保持平行。长度以画到瞳孔外侧附近为基准。

7 卧蚕的部分区域打上高光，使效果倍增。

用♥G白色卧蚕笔沿着下睫毛根部画线。长度画到卧蚕最鼓的地方为止。

02. 适度弯曲的眉形是画出美颜的制胜关键！

— 使 用 物 品 —

♥A 资生堂 INTEGRATE 极细俐落旋转式眉笔 淡褐色 735日元 /（编辑部调查）资生堂

♥B 超完美防水眉彩膏 01 1365日元 /SUSIE N.Y.DIVISION

♥C 资生堂 INTEGRATE 三色眉粉鼻影盒 BR731 1260日元 /（编辑部调查）资生堂

♥D 妙巴黎轻蜜粉（02粉肤色）1995日元 / 妙巴黎

‖START‖

POINT 一字形倾斜眉型

长度和形状 CHECK

1 将眉尾挑高，要注意倾斜的角度。

用♥A眉笔描画眉毛的轮廓，眉毛不足的地方用眉笔补足。将眉尾画得高过眉头。眉峰画在眼尾上方的位置。

2 用睫毛膏调整眉毛的颜色和浓度。

用♥B睫毛膏改变眉毛颜色深度，使其与发色相协调，多余的眉毛用遮瑕膏修饰。

除了要还原出拥有宽幅度双眼皮的脸庞之外、还要还原出需要勾画内眼线的眼睛，在化妆技巧上，有许多需要模仿的地方。

用睫毛和内眼线使眼睛充满活力！

3

假睫毛选择自然浓密型

用假睫毛从眼头到眼尾牢牢贴紧。与有束感的效果相比，更推荐使用材质自然浓密多卷的假睫毛。

4

环绕眼睛轮廓的内眼线让眼睛成为焦点

用眼线笔画出环绕眼睛轮廓一周的内眼线。另外，将假睫毛的根部填满，使其更加自然。

5

下睫毛用纤维型睫毛膏刷出长度！

在下睫毛处刷上纤维型睫毛膏。不要刷得太浓密，有意识地画出细长感。用刷子竖着刷更容易达到纤细的效果。

用2个双眼皮贴来增强双眼皮的宽幅度！

8

用两条双眼皮线不论多重的眼睑都能支撑起来！

先贴上一枚双眼皮贴，在此基础上再贴上一枚。两枚双眼皮贴不要一次性贴好，一枚一枚地慢慢贴能营造出很好的效果。从眼头较高的位置开始贴，贴出"へ"字形的曲线。

双眼皮的形状

做出较大的"へ"形

双眼皮的形状是眼皮搭在瞳孔上的效果，因此要求双眼皮幅度要非常宽。

9 反复交叠眼影，使眼睛具有立体感

在双眼皮贴上刷上褐色眼影。要注意避免眼影刷的次数太多造成双眼皮贴剥落。

10 选用自然色大型号的美瞳

最后，选择仅边缘带颜色的美瞳。用仅边缘带颜色的美瞳，会让眼睛更有冲击力。

画出颜色深且形状粗的英眉。要强调眉毛的存在感，眉毛的角度和眉峰的形状都需要完整再现！

小泽的自拍 ver.

3 以眉头下方为中心精细画出轮廓

混合眉粉的3种颜色打上鼻影，颜色要稍重一些。

4 用高光来打造高而细的鼻子

用刷头纤细的刷子蘸取高光粉，沿着鼻梁刷细细地刷。然后再用粗刷子在眼睛下方到鬓角的位置打上高光。

虽然很费工夫但变身度 NO.1

"朴奎利的妆容，与其他4人和其他日本人的仿妆相比，更强调立体感，面孔与欧美人很相似！但是，这个妆容可以很彻底地改变自己的相貌。想要大变身的人可以尝试一下♥"

韩胜妍 仿妆
Seungyeon ♡

饱满的卧蚕

韩胜妍有着饱满的卧蚕和微肿的内双眼，面孔稚嫩而可爱。垂垂眼的小泽怎样还原出韩胜妍的眼睛呢？来看看她超强的化妆技术吧！

01. 再现饱满的卧蚕和内双 ♥

- 使 用 物 品 -

A VISEE 裸色雕刻眼影 BR-5 1470日元（编辑部调查）/KOSE

使用色
B MALIBU 眼影 8 MEYE-6 / 个人私物

C M·A·C 凝胶眼线笔 / 个人私物

D 防水眼线液 BK 1365日元 /LEANANI WHITE LABEL

E Diamond Lash 浓棕色系列 迷濛眼神款 1260日元 / Day·Series

F 资生堂 INTEGRATE 极细俐落旋转式眉笔 淡褐色 735日元（编辑部调查）/ 资生堂

G 倩碧肌本透白遮瑕膏 03 / 个人私物

H VALSAREA 闪耀眼线液 1号 / 个人私物

I 明亮双眸持久卧蚕笔 24h 1260日元 /K-Palette (COVER)

J Maybelline New York 浓密纤长多卷防水睫毛膏 / 个人私物

K COLOR CONTACT LENS SECRET THE COCOMAGIC 超自然小黑环美瞳 / 个人私物

‖START‖

1 打底颜色要浅，选用色泽较浅的金色系
将眼窝整体打上**A**的浅金色眼影。与其说是在描绘阴影，更像是在调整肌肤的颜色。

POINT 描画 3 层眼线

2 首先在第 1 层眼线上涂上眼影。用刷头较细的刷子蘸取**E**深褐色眼影，沿着眼睛上轮廓画出较粗的眼线。眼尾的眼线尾部不需要延伸。

POINT 打造出饱满宽幅的卧蚕！

6 大胆画出卧蚕的宽幅是与本人相似的关键！用**F**眉笔勾出卧蚕的阴影。阴影要与笑起来时的眼睛几乎同宽。长度画到瞳孔的外侧附近。

02. 天真烂漫的下垂眉是韩胜妍标志

- 使 用 物 品 -

A 资生堂 INTEGRATE 极细俐落旋转式眉笔 淡褐色 735日元（编辑部调查）/ 资生堂

B 资生堂 INTEGRATE 三色眉粉鼻影盒 BR731 1260日元（编辑部调查）/ 资生堂

C 妙巴黎轻密粉（02 粉肤色）1995日元 / 妙巴黎

‖START‖

POINT 下垂眉的关键在于眉下方的轮廓线

1 眉毛的下轮廓线下垂，使眉梢更圆滑
用**A**眉笔定好下垂眉的基础线。在所画基础上描绘下垂眉，多出的部分用遮瑕膏进行修饰。

眉毛的下轮廓线

从下降线条开始定位易于把握平衡！

虽然用双眼皮贴很容易让人从单眼皮变成双眼皮，但要从双眼皮变成单眼皮却很难。画眼影的技巧很有必要。

把明显的双眼皮收敛成内双！

3
用眼线胶将双眼皮画成内双
用❤褐色眼线胶描画上下眼线。上眼线要沿着眼睛轮廓自然画出，下眼线要直直地横向延伸。

眼线

做出微笑表情确认眼线

笑起来时脸颊上升，下眼线要呈一条直线。

4
最后用黑色眼线液使眼睛更紧致
用❤眼线液反复描画上眼线。不要画得太粗，画出睫毛根部的紧致效果。

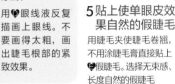

5 贴上使单眼皮效果自然的假睫毛
用睫毛夹使睫毛卷翘，不用涂睫毛膏直接贴上❤假睫毛。选择无束感、长度自然的假睫毛

7
卧蚕打底选用遮瑕膏
如果用高光粉会显得很厚重，因此用❤棒状高光卧蚕笔描画卧蚕全体，之后再用手指轻轻点抹使其晕染开。

8
使用卧蚕笔使卧蚕达到最大饱满度！
用❤白色卧蚕笔从眼头一侧到眼尾一侧画线。沿着下睫毛下方画出稍粗的线。

9 补足内眼线让眼皮有重感
掰开上眼睑，用❤黑色眼线笔将粘膜及睫毛根部填满。眼尾一侧要细致填满。

10 增加自身睫毛的浓度来隐藏假睫毛的根部
贴上假睫毛会使双眼皮变得明显。用❤睫毛膏增加睫毛浓度，隐藏双眼皮。

11 用有边缘的美瞳打造大眼瞳！
要营造出裸眼效果，选用❤有边缘带颜色的美瞳。推荐使用比自身瞳孔大一型号的美瞳。

单眼皮以及使表情稚嫩的粗下垂眉。眼睛是吊梢眼，众多引人注目之处是韩胜妍妆容迷人的关键。

小泽的自拍 ver.

2 眉间的立体效果让下垂眉更完美
混合❤眉粉的3种颜色打上鼻影。特别是从眉头下到眼头附近鼻影要稍浓一些，一直延伸到鼻尖。

3 不太纤细的鼻子营造出可爱的娃娃脸
刷子在鼻子中心刷上❤高光粉。鼻梁不要刷得太细，稍稍粗一些。眉间三角区域也要刷得稍微粗一些。

这是我最担心的一套仿妆但意外发现的很容易完成

"最担心能不能像本人的妆容是郑妮可妆和本次的韩胜妍妆。不管怎么说要先做出幅度窄的内双！不过，双眼皮明显的亲们就要好好费一番工夫了。话虽如此一定能享受战果的，韩胜妍的粉丝们请务必试一试哦！"

郑妮可 Nicole ♡

郑妮可的笑脸给人印象深刻的是她有着引人注目的大眼瞳眼睛。相反她的眉形与其他成员相比比较简单。所以本次妆容的成败关键在于眼妆！其中眼线是最重要的关键点！

01. 目标是画出笑起来眯成一条缝的眼睛 ♡

— 使用物品 —

Ⓐ L.A.COLORS 16色眼影盘 74133 698日元 / 日本 RUNWEL

Ⓑ Bobbi Brown 流云眼线胶 / 个人私物

Ⓒ 防水长效眼线笔 01 525日元 /K-Palette（CUORE）

\\ START //

1 打底稍稍上色刷出光泽度
用刷子在眼窝全部涂上Ⓐ①眼影。推荐使用与肌肤颜色相近的金色系褐色来打底。

Ⓓ 防水眼线液 BK 1365日元 /LEANANI WHITE LABEL

Ⓔ D.U.P EYESHES FURRY600系列 609 1260日元 /D-up

Ⓕ FASIO 智能卷翘双效睫毛液（纤长）1260日元 /KOSE COSMENIENCE

Ⓖ SECRET THE COCOMAGIC 超自然小黑环美瞳 / 个人私物

♥ POINT 用上下内眼线打造美丽瞳孔！

5 眼线涂满粘膜让眼睛变小！
上眼睑轻轻抬起，用Ⓑ黑色眼线笔将粘膜和睫毛的间隙填满。特别是不要超出眼尾一侧的眼线。

6 下眼睑也画上眼线
用同款眼线笔将下眼睑的粘膜和睫毛的间隙填满。上下轮廓的线条要自然的连接在一起，调整线条的形状。

02. 浓而短、时尚流行的郑妮可眉

— 使用物品 —

Ⓐ 资生堂 六角眉笔 褐色 210日元 / 资生堂

Ⓑ 资生堂 INTEGRATE 三色眉粉鼻影盒 BR731 1260日元（编辑部调查）/ 资生堂

Ⓒ 妙巴黎轻蜜粉（02 粉肤色）1995日元 / 妙巴黎

\\ START //

♥ POINT 与眼睛相协调的简单眉形

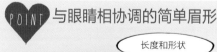
长度和形状

1
要点是长度要稍稍比眼睛短些 用Ⓐ眉笔描画轮廓。画出接近水平的平缓角度，眉峰几乎不带角度。长度以眼妆为基准，不要超过眼尾。眉毛不足的部分用眉笔补足，多出的部分用遮瑕膏修饰。

想画出她独特的眼妆，还原出绝对忠实于本人的眼线才是王道！不时做出笑脸检查妆容。

2 描画粗眼线隐藏双眼皮宽度

在内眼睑处用刷头较细的刷子涂上❤②眼影。注意睁眼时眼影不能露出来。

3 打底的上眼线末端上挑，画出拉长眼睛的效果

眼线延长时很容易晕染，所以需要用❤眼线胶沿着眼睛轮廓画出粗线，画到眼尾处要先延长眼线然后缓缓上提。

POINT ❤ 用眼线伪造出新的眼睛形状

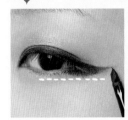

4 下眼线描绘出新的眼睛形状

用❤眼线胶描绘下眼线。在眼尾一侧1/3的地方与上眼线相连，将眼尾一侧填满。

眼线

眼尾先下降，然后再向上扬。

7 曲线完成度的制胜关键在于眼头的开口

用❤眼线液在眼头画出开口。画得稍微夸张一些，描出锐角。

8 贴假睫毛讲究技巧

假睫毛选用❤睫毛梢较直的类型。贴上之后用手指按压眼尾处睫毛使其下垂。

9 下睫毛用纤维型睫毛膏增加长度

下睫毛打上❤纤维型睫毛膏。用刷子竖着刷，增加长度和束感。特别是中间部分要细致地刷。

10 带上美瞳增加眼瞳的轮廓

最后戴上❤边缘带颜色的美瞳，使自己瞳孔放大一圈。不要选择太明显的美瞳。只边缘带颜色的美瞳即可。

眉毛曲线虽然很短，但颜色较深所以打底的轮廓要好好确认。要点是以眼睛为基准确定好长度。

2 眼头附近要重点加深

用刷子混合❤眉粉的3种颜色，涂在眉头下凹下去的地方。沿着眼头的开口上色。

3 沿着垂垂眼在脸颊上打上高光

用刷子蘸取❤高光粉。用粗刷子在脸颊到鬓角的地方打上高光。

小泽的自拍 ver.

虽然有心理准备但真的真的很难（笑）

"拍摄郑妮可的照片真的很辛苦～！微微一笑，脸颊向上的瞬间是最像的时候，要是做过了的话看起来就会不像了。拍照时一直做着一个表情，整个脸都笑僵了。但是真的与本人很像，拍照片时一定要试试！"

103

从美容院到药妆店！

常常光顾的 美容场所介绍！

称为美容狂热者也不为过的小泽常常光临的美容商店是哪里？
在热门化妆品店里有可能会见到小泽本人哦。全都是有可靠保障的商店哦！

＼Cosme shop／
Candy+

遇到小泽可能性 No.1 的化妆品店！

"化妆品供应齐全自不必说，还经常举办活动、化妆讲座等等，是小泽出现率超高的化妆品店哦（笑）。办化妆讲座好开心的。好想在这里举办啊～"

成排的最新化妆品，简直都不想回去了。

SHOP DATA
住 / 东京都涩谷区神宫前 4-28-22 Bell Palace 原宿 B1 ☎ 03-6804-5559 营 /11:00-20:00 休 / 不定期休息

＼Hair Salon／
Noz

小泽的清爽秀发交给这里啦！

"已经光顾了 2 年的理发店了。给我染了超赞的头发，真的很开心！和店员关系也很熟，他也充分了解小泽的喜好，店里装饰也很时尚，不管什么时候去都很开心呢♥"

快看我自豪的染发效果♥颜色真是太棒了。

SALON DATA
住 / 东京都港区 六本木 7-8-6 AXALL ROPPONGI 2F 3F ☎ 03-5414-2100 营 / 周一～周六 10：00-23：00，周日 10：00-19：00 / 全年无休

＼Skin Clinic／
银座・池田Clinic

从出道开始就是小泽的美容顾问！

"刚出道的时候来咨询过肌肤问题。美容院内也很漂亮，院长池田先生是给我推荐过很多美容产品的非常和蔼可亲的人哦。今后也请多多关照！"

也向大家推荐拍摄时说过的美容产品

CLINIC DATA
住 / 东京都中央区银座 2-11-8 DUPLEX GINZA TOWER 3F ☎ 03-3545-8000 营 /11:00-13:00,18:00-20:00 休 / 不定期休诊

＼Massage／
recoco・tokyo

筋疲力尽的时候来这里放松吧！

"每次来这里的时候都迷迷糊糊的，不想回去了哦。虽然只有 30 分钟左右的按摩，但感觉身体变得超轻盈！心情会变得很好就不用说了，果然在 recoco 做按摩后轻松的感觉和在其他家做按摩后的感觉不同呢"

店内はオシャレってとこもポイント高し！

SALON DATA
住 / 东京都涩谷区神宫前 6-28-3 ☎ 03-6450-6558 营 /11:00-27:00 休 / 不定期休息

＼Wig Shop／
NAVANA WIG

这里如果没有了可能就无法再模仿化妆了！？

耐热性都很好，就算使用烫斗发质也能保持很好哦！

"新模仿的妆容完成后，发型的相似也十分重要，而假发是十分重要的。NAVANA 店里颜色、发型等种类都十分丰富，也可以进行修剪，在这里一定能买到理想的假发"

SHOP DATA
住 / 东京都涩谷区道玄坂 2-29-1 涩谷 109 B2F ☎ 03-3477-5022 营 /10:00-21:00 休 / 除了元旦外全年无休

番外编 ＼Fashion／
GAGA MILANO 白金店

十分中意的手表 SHOP 最推荐 GaGa Ball！

"这里的手表带可以更换，所以一直很喜欢用。而且 GaGa Ball 的施华洛世奇的球形项链也超级可爱！因为很喜欢闪闪发光的东西，所以只看就会觉得好激动"

SHOP DATA
住 / 东京都港区白金台 5-6-9 FALCON 大厦 1 楼 ☎ 03-6450-3366 营 /12:00-20:00 休 / 不定期休息

初次公开

一定要看哦!

还想了解更多!

第一次化妆、"模仿化妆"的理由、从对仿妆的研究到完成。
对化妆的热衷、未来的梦想等等,询问了小泽很多问题。

❝ 多一个人也好,能让更多人享受化妆乐趣是我的梦想 ❞

——一个对化妆完全没有兴趣的女孩,成为被大家称之为"仿妆女王"的契机是什么?

小泽第一次开始化妆是在初中 3 年级的时候。对现在的孩子来说可能就算是比较迟的了。在那之前一直在忙社团活动,也一直是短发,化妆什么的也都没画过。现如今可能会被误认为是某个可爱的明星,那时却总被误认为是男孩子。甚至会被女孩子搭讪(笑)。一个姐姐来家里玩时,看着小泽的房间里贴着桐谷美玲的海报说,"不觉得那张照片和你很像吗?"。因为我是桐谷美玲的铁杆粉丝,所以觉得超~开心。正好那时也从社团里退出了,就开始留长发,也对化妆有了浓厚的兴趣,"如果化妆的话肯定会更像的!"我心里的火苗顿时被点燃。但那时没有双眼皮贴和美瞳,校规也严令禁止修眉,但尽管如此还是想能再像一点就试着画一些猫眼式的眼线,真的是每天都在不断试验。现在想来,从第一次开始化妆就是仿妆呢!

——那样的小泽是怎么把仿妆画到极致呢?

到了高中时,一直是辣妹风格的装扮。因为很崇拜舟山久美子,所以就看着刊载她照片的杂志一直在努力模仿她的妆容。那时也会用美瞳和双眼皮贴,每次模仿时,朋友就会说"哇,好像!"。之后就越来越想要模仿到极致。当时模仿过的人有北乃纪伊、井上真央、樱井莉菜……每每想起当时的拼命劲儿就觉得好怀念。特别是想要更接近那个人、想达到那个人的可爱度、想和那个人很像一些的强烈心情。所以,算是一边享受仿妆带来的快乐一边将仿妆发挥到极致的吧。

——从决定"我想要模仿那个人"到仿妆完成要花多少时间?

虽然说起来很短,但从开始研究到妆容完成大概要花费 5 小时左右。首先从大量收集自己和模仿对象的照片开始,一边在手机里看自己的照片,一边去电脑上检索模仿对象的照片。寻找角度和表情相似的照片。自己的照片从素颜到仿妆,各个角度和表情等要搜集出 200 张以上。从其中一张一张找出相似的照片,并将其排列,仔细寻找不同之处。之后再进行化妆。模仿别人的妆容时最费时间的是眉毛。大概要花 20 分钟左右来画。虽然很让人咋舌,但化妆不论什么时候都是重头戏。

画了仿妆却没变可爱就毫无意义了

可以从事自己喜欢的工作,真的觉得很幸运,很幸福。但是,当它成为工作后,之前只要自己觉得像就很满意了,现在必须要得到大家的认可,果然还是很有压力。越是被大家赞扬,下一次就要拿出质量更高的作品。但是,当看到博客的评论和来信中有人说到"我也试过了哦",就会觉得很开心,然后燃起挑战下一个妆容的斗志。但平心而论,还是希望大家不要太勉强自己。比如说,为了达到十分相像的效果就全部剃掉自己的眉毛,我真心觉得不太好。剃了之后就不美了,就算再怎么说"我想变可爱",也失去了化妆的意义。在听到大家"我的妆容得到身边的人一致好评"时,才会拥有喜极而泣般的快乐。仿妆,虽然有自我满足的部分,但还没有达到能充分发挥自己化妆技术的最高境界!现如今,我实现了出一本能向大家教授自己的化妆方法的书的梦想,接下来的目标是开一个化妆讲座。哪怕再多一个人也好,也希望能够向很多人直接教授化妆的方法,这是小泽接下来的目标,也是小泽未来的梦想。

从化妆到私人问题
直击小泽香织 Q & A

Q 不论是怎样的妆容都很适合的秘诀是?

可能是眉毛很稀疏吧。

原本眉毛就不浓密颜色也比较淡,而且毛发质地也很柔软。只用修剪眉梢,就很容易改变成各种眉形。如果是颜色较深的眉毛,可能会很难改变形象。

Q 判断是否适合自己的妆容的关键是?

选择眼睛形状相似的模仿对象就很容易模仿成功哦!

首先注意眼睛形状是否相似。眼睛大小和双眼皮幅度不同没关系!小泽就很容易模仿眼睛宽度够长的人。

Q 画了仿妆,比日常妆容华丽很多。

试一试减少假睫毛和美瞳的使用。

仿妆时,有时需要颜色鲜艳的美瞳和浓密多卷的假睫毛,将其改成自然型后就会有成熟感。也可以将黑色眼线改成茶色。

Q 适合所有人的仿妆妆容是?

眉毛平直的自然妆容!

自然系的妆容不管是谁都很容易模仿。特别是眉毛平直的妆容不管是谁都会很适合。本书里中推荐筱田麻里子的妆容。

Q 很不擅长化妆也能画得很像吗?

即使只画眉毛也会很像哦!

双眼皮贴的使用方法很难。虽然如果想特别像的话需要精准的双眼皮贴法,但只是眉毛相似的话也能和本人很像。

Q 最能让容貌明显相似的要点在哪里?

绝对是 眉毛!!

眉毛是整个面部特征最明显的地方,如果能把握好眉毛就能很接近本人。下来可能就是双眼皮了。把握好这两点的话基本上就能模仿所有人哦!

Q 也有小泽模仿不来的妆容吗?

没办法做到彻底变成单眼皮!

本次试着挑战了一下 KARA 韩胜妍的内双,但确实没办法做到彻底变成单眼皮。另外,面部较平的人营造立体的效果很容易,但面部凹凸有致的人模仿面部较平整的人很难了。

Q 做到不过头的关键是?

不要剃掉眉毛!

将眉毛剃掉总会有非常勉强的感觉,就算模仿完成也不漂亮!另外,完全没有卧蚕的人营造卧蚕效果很容易显得不自然。在那种情况下要控制好线条并用卧蚕笔加以强调。

Q 对小泽的仿妆来说最重要的化妆品是?

嗯——可能是眉笔吧。

眉毛肯定不用说了,眼线、描画卧蚕也都会使用眉笔,痣和酒窝、胎记也都会用眉笔来画。再下来就是检查用的手机了(笑)。

Q 个人私下会画的妆容是谁的仿妆?

最常画美人妆!

实际上平日里基本上都是素颜……(笑),外出的时候大多会画书里介绍的美人妆。

Q 如果要约会的话会画谁的模仿妆容?

美人妆♡

如果要约会的话当然还是会画美人妆(哭)。可妈妈告诉我说菜菜绪的模仿妆最可爱(笑)!

Q 发型也基本上自己来做是真的吗?

基本上都是自己!我有 50 多顶假发。

本次拍摄全部是自己来做的。假发对于提高完成度来说是不可或缺的!即使是同种发型每个人的感觉也是不同的,仿妆作品在增加的同时,假发的数量也在不断增加。

Q ZAWACHIN 名字的由来是?

周围总是 ZAWAZAWA 的!

有时画了仿妆走在街上时,周围人总会叽叽喳喳地议论"哎呀,莫非是她?",而且也取自我的真名小泽(お小泽)的"小泽"(OZAWA)。

Q 除了化妆意外比较热衷的事情是?

K-POP ♥

现在最喜欢的就是 NU'EST ♥超级喜欢 K-POP 的歌曲和舞蹈。有一段时间为了腰部的塑形还跳了 KARA 的 "Mr." 的舞。

Q 不工作时都在做什么?

最喜欢去购物了♥

去东京的时候会去 109。买东西时也在观察周围人的妆容。有时是做些参考,或者回想这种装扮适合哪种妆容(笑)。

Q 对小泽来说仿妆是什么?

当然是魔法了♡

因为不管怎么说,不论怎么化妆都会变得很可爱啊!化妆是魔法,每个女孩都是辛德瑞拉。只要施展魔法就会变得很可爱。

2013 Novemver

终于走上了
TOKYO GIRLS
COLLECTION 的舞台

在工作现场
忙碌穿梭！

作为演员的活动、化妆讲习会、时装秀等等，对从事多种活动的小泽进行贴身采访。

终于实现了小泽的梦想之一，能够走上"东京 GIRLS COLLECTION"的舞台！！！！紧张的心脏扑通扑通直跳，真的很感谢在舞台下高喊"小泽～"的观众们！！

集结市内人气俱乐部所举办的史上首次户外庆祝活动"TOKYO ALLMIX FESTIVAL 2013"。小泽也有演出哦（笑）。

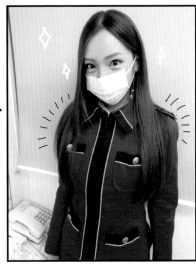

2013 October

在 TOKYO ALLMIX
举办的活动中表演舞蹈！

为了给小泽的家乡群马县太田市增加活力，结成了本地偶像组合 Otan43。而小泽也有幸当让了 Otan43 声援队队长。组合的成员们都超级可爱哦♪还请大家对 Otan43 多多指教哦。

13 October

成为偶像组合 Otan43 的
声援队队长！

在京都，小泽举办了 Leanani 眼线液 & 睫毛膏的销售纪念活动。集合了超过 300 位客人！！

举办了
Leanani
的销售活动！

2013 November

作为出演 TBS "中居正广的星期五"里的"闪耀的女人"系列的金太郎登台。出演了惊喜嘉宾。扮演了工作室的 100 位女性，俗称"红色"。有没有很像？

2013 Novemver

在 Candy+
做了化妆讲座

在神宫前"Candy+"举行了化妆讲座。小泽作为官方赞助者，在化妆品及百货店的"Candy+"举办了化妆讲座。今后也会定期举行，详情请关注小泽的博客！

穿了
"中居正广的星期五"的制服！

2013 Novemver

107

Thank you
so much ♥

Make Magic

直到最后也一直和我在一起
真是太感谢啦 ♥♥

Make magic 上讲解的妆容

都会画了嘛? (*°▽°*)

仿妆是蕴藏无限可能的

Make magic 哦。

请配合每天的心情

来试着进行仿妆吧！！

愿此书能成为所有

女性的美妆圣经……

Thank youuu :)》★★

ZAWA☆CHIN

Love you...

109

おもてなし♥

超级像的变妆！

摄影后贪吃慰问品马卡龙的小泽。但在摄影中一点点糕点也不吃哦！

画眉的时候超认真！

シーッ

おしっ！！

镜子旁边贴着照片，正在临摹着眉毛。画眉时姿势非常棒哦！

卡拉风妆容的变妆秀。画了这个妆果然忍不住想要做这种表情。

努力奋斗的9天拍摄.

making of
MAKE MAGIC

由于小泽超级幽默的性格，虽然是持久战，但摄影现场的氛围一直很活跃。镜头前一定会完美的回应大家的期待，向大家展示珍藏画面。

哇——

歪了 歪了

...

偏离本意啦！戴假发时有了特别服务，精力旺盛的21岁！

完美脸蛋的装粉

在美人妆的"丸子头"扎发中。"像这样扭啊扭啊扭然后固定住哦～

小泽怎么了？还有已经完成的桐谷美铃式妆容。虽然是相同的构图但是却判若两人。

全部拍摄完成的瞬间

oh my god！
\(°0°)/www

摆出 大家 小泽姿势！

"工作人员一起做出小泽的pose！经纪人在给我们拍照因此没上镜ww"

十分中意的美人妆fashion。衣服是从韩国买的，鞋子是从堂吉诃德买的哦（笑）！

Staff & Item Credit ♥

Photograph
（摄影师）

山川勉 <will creative>（封面，
P2-3、8-14、105、108-
109、111-112）

樽木新 <will creative>（P16-
25、34-49、52-55）

玉置顺子 <t.cube>（P26-31、
62-67、72-81）

齐藤裕也 <t.cube>（P56-59、
68-71、84-89、92-103）

椎叶恒吉（still）

Styling（造型）　冈野香里

Cover design
（封面设计）　田边梨乃 <JMP international>

Contents design
（内容设计）　后藤沙由纪 <JMP international>

DTP（排版）　久保真纪

Edit（编辑）　宝岛社
　　　　　　矶部薰

Special thanks
（特别鸣谢）　畠中茂 <主管 S>
　　　　　　小泽 Arona

※ 无价格标明的均为造型师私人物品。

COVER（封面）
连衣裙 9975 日元 /ebele motion
（ebele motion LUMINE 新宿店）
标记项链 2205 日元 /OSEWAYA

P2-3、P109-110
连衣裙 12600 日元 /ebele motion
（ebele motion LUMINE 新宿店）

P8-9
连衣裙 7980 日元 /titty&Co.
（titty&Co. 涩谷店）
耳环 1470 日元 /OSEWAYA

P40
项链 1050 日元，耳环参考商品 / 皆 SBY Happy Room
原宿店

P56
耳环 1155 日元 /OSEWAYA

P62
连衣裙参考商品 /ebele motion
（ebele motion LUMINE 新宿店）
项链 2625 日元 /OSEWAYA

P68
晚装包参考商品 /ebele motion
（ebele motion LUMINE 新宿店）

P76
戒指 630 日元 发套 1260 日元 / 皆为 OSEWAYA

查询地址

ANNEX JAPAN　03-3463-6281
AMOREPACIEIC JAPAN　0120-964-968
伊势半　03-3262-3123
IDA Laboratories　03-3260-0671
Wave corporation　06-6362-6411
SBY Happy Room 原宿店　03-6459-2258
SBY Happy Room 新宿店　03-6273-0620
Osewaya　http://www.rakuten.co.jp/osewaya/
ai-kei 股份有限公司　0120-55-2820
银座 Cosmetic Labo　http://eye-mazing.jp/
Cuore 股份有限公司　0120-769-009
KJI 本铺　03-3842-0226
Kose　0120-526-311
资生堂　0120-30-4710
SHO-BI（株）　03-3472-7896
SUSIE N.Y DIVISION　03-3262-3454
Day collection　0120-299-929
D-up　03-3479-8031
T&H　www.karabo.jp
T-Garden　0120-0202-16
NIPPON RUNWEL　0120-88-9261
NATURE REPUBLIC JAPAN　0120-364-451
BN　0277-45-3004
BEAUTY NAILER　0120-502-881
SKINFOOD　0800-080-2102
妙巴黎　0120-791-017
MISSHA JAPAN　0120-348-154
Leanani　03-5819-4623
REZOY　03-3477-5055

图书在版编目（CIP）数据

仿妆女王画出超正大明星/〔日〕小泽香织著；林燕燕译. —北京：化学工业出版社，2016.3
ISBN 978-7-122-26045-1

Ⅰ.①仿… Ⅱ.①小… ②林… Ⅲ.①化妆−基本知识 Ⅳ.①TS974.1

中国版本图书馆CIP数据核字（2016）第011542号

ZAWACHIN MAKE MAGIC © Zawachin 2014

Original Japanese edition published by Takarajimasha, Inc.
Simplified translation rights arranged with Takarajimasha, Inc.
through Beijing GW Culture Communications Co., Ltd., China.
Simplified translation rights © 2016 by ERC MEDIA(BEIJING), INC.

北京市版权局著作权合同登记号：01 – 2015 – 4881

责任编辑：李　竹　　　　　　封面设计：古涧文化
责任校对：王素芹

出版发行：化学工业出版社
　　　　　（北京市东城区青年湖南街 13 号　邮政编码 100011)
印　　装：北京市雅迪彩色印刷有限公司
787mm×1092mm 1/16　印张 7　字数 180 千字
2016 年 4 月北京第 1 版第 1 次印刷

购书咨询：010-64518888（传真：010-64519686）
售后服务：010-64518899
网　　址：http://www.cip.com.cn
凡购买本书，如有缺损质量问题，本社销售中心负责调换。

定　　价：39.80 元